# AutoCAD 2018 工程绘图实例教程

**主编** 谢 平 刘志红 陈海雷 涂晓斌

跟着微课学 AutoCAD

西南交通大学出版社
·成 都·

## 内容简介

本书介绍用计算机绘图软件 AutoCAD 2018 中文版绘制和编辑工程图样的基本操作和实用技术。全书以工程绘图上机实验的方式，系统地介绍了 AutoCAD 2018 绘图软件的基本知识、基本操作、绘图技术、编辑和组织技术。本书突出实用，全书以工程图样的具体绘制操作过程来叙述计算机绘图的基础理论和技术，同时，通过实例讲述高效组织专业工程图样的技术和技巧。

本书可作为高等院校"计算机绘图"课程的上机实验教材，也可作为各专业"计算机辅助设计"课程的基础和补充教材，还可供相关工程技术人员参考。

**图书在版编目（ＣＩＰ）数据**

AutoCAD 2018 工程绘图实例教程 / 谢平等主编. —
成都：西南交通大学出版社，2018.7（2023.1 重印）
ISBN 978-7-5643-6210-2

Ⅰ. ①A… Ⅱ. ①射… Ⅲ. ①工程制图 – AutoCAD 软件
– 高等学校 – 教材 Ⅳ. ①TB237

中国版本图书馆 CIP 数据核字（2018）第 114546 号

**AutoCAD 2018 工程绘图实例教程**

主编　谢 平　刘志红　陈海雷　涂晓斌

| | |
|---|---|
| 责 任 编 辑 | 黄淑文 |
| 封 面 设 计 | 何东琳设计工作室 |
| 出 版 发 行 | 西南交通大学出版社 |
| | （四川省成都市金牛区二环路北一段 111 号 |
| | 西南交通大学创新大厦 21 楼） |
| 发行部电话 | 028-87600564　87600533 |
| 邮 政 编 码 | 610031 |
| 网　　　　址 | http：//www.xnjdcbs.com |
| 印　　　　刷 | 成都中永印务有限责任公司 |
| 成 品 尺 寸 | 185 mm × 260 mm |
| 印　　　　张 | 10.25 |
| 字　　　　数 | 255 千字 |
| 版　　　　次 | 2018 年 7 月第 1 版 |
| 印　　　　次 | 2023 年 1 月第 3 次 |
| 书　　　　号 | ISBN 978-7-5643-6210-2 |
| 定　　　　价 | 28.00 元 |

课件咨询电话：028-87600533
图书如有印装质量问题　本社负责退换
版权所有　盗版必究　举报电话：028-87600562

# 前　言

随着计算机应用技术的发展，计算机绘图技术在工程设计中得到了极其广泛的应用。计算机绘图的理论和技术作为计算机辅助工程设计的基础，已成为工程技术人员必须学习和掌握的基本理论和应用技术。

AutoCAD 作为一款高效的绘图软件，已被应用在工程设计的各个领域。本书以计算机绘图上机实际操作的方式，讲解 AutoCAD 绘图软件的基本绘图和编辑命令的使用技巧和技术。读者通过书中实例的绘图实践，将学会各种实用的专业图样的绘制与组织技术，由此认识和了解计算机绘图学科中的一些基本知识和技术，为今后结合相应专业的计算机辅助工程设计打下一个坚实的计算机绘图方面的技术基础。

本书以 AutoCAD 2018 中文版为绘图平台，介绍了 AutoCAD 工程绘图基础、机械工程图样的绘制、房屋施工图的绘制、机件实体造型技术与常用表达方法和 AutoCAD 图样的打印输出。本书以工程绘图实验中具体操作的方式讲述 AutoCAD 绘图的基础知识和使用技巧，在编写过程中，通过结合相关的绘图命令、编辑命令和使用技巧，配合大量的实际工程图纸和插图，对命令和对话框的使用和选择进行了详细的分解说明。本书还结合工程设计的实际情况，讲述了如何用计算机绘图的方式正确和有效地表达工程图样的内容。同时，每个实验结尾给出了配合上机实验的详细的工程图样。

本书由华东交通大学谢平、刘志红、陈海雷、涂晓斌主编，参加编写工作的还有蒋先刚、周慧芳、康芳茂、王树森、谢瑞春、陈文芳、谢春娟、吴神花、张永超。涂晓斌教授负责全书的统稿工作。

本书可作为高等院校"计算机绘图"课程的实验教材，也可供有关工程技术人员和相关技术培训人员参考。

由于编者水平有限，书中难免有不妥之处，敬请读者批评指正。

编　者
2018 年 5 月

# 目  录

# 实验一 AutoCAD 工程绘图基础

实验目的与要求：

① 熟悉 AutoCAD 的作图环境，了解 AutoCAD 的作图过程；

② 掌握 AutoCAD 命令及参数的输入方法；

③ 掌握图层、颜色、线型的设置方法；

④ 学习 AutoCAD 基本绘图命令、基本编辑命令的用法；

⑤ 练习 AutoCAD 精确定位点的操作方法。

## 实例一 熟悉 AutoCAD 作图环境

### 1. 熟悉 AutoCAD 草图与注释工作界面

启动 AutoCAD 2018，单击位于其界面左上角的【快速访问】工具栏下拉列表按钮，在弹出的菜单中选择【显示菜单栏】命令，这时在屏幕上会显示 AutoCAD 用户菜单，选用【工具/工作空间】子菜单中的【AutoCAD 草图与注释】命令，或在状态栏中单击【切换工作空间】按钮，在弹出的菜单中选择【AutoCAD 草图与注释】命令即可进入 AutoCAD 草图与注释工作界面。

分析和了解界面的标题栏、菜单栏、功能区各功能面板、系统坐标、模型/布局标签、命令行窗口、状态栏等。请完成以下操作：

① 在绘图窗口移动鼠标，观察状态栏上坐标值的对应变化，于坐标值显示位置双击鼠标左键，在绘图窗口移动鼠标，对比观察坐标值显示方式的变化。

② 将鼠标放到【绘图】菜单的【直线】命令上，观察状态栏中显示的提示。选择【绘图】菜单的【直线】命令（即用鼠标左键单击【绘图/直线】菜单项），然后观察在命令窗口给出的提示（注意：按【Esc】键可取消此提示，以便执行其他的操作）。

③ 选择【绘图】菜单的【圆弧】命令，观察显示的【圆弧】子菜单，然后将光标放到【起点、圆心、长度】命令上，观察在状态栏中显示的提示。

④ 选择【绘图】菜单的【图案填充】命令，打开【图案填充】对话框，然后单击【取消】按钮关闭此对话框。

⑤ 将光标放在功能区【默认/绘图/直线】按钮上，稍作停留，观察浮出的菜单提示；更长时间停留，查看其命令功能提示。

⑥ 单击功能区【默认/绘图】面板上的【绘图】按钮 绘图▼ ，查看其他绘图命令；用相同的方法查看功能区【默认】卡下【修改】、【图层】等其他功能面板；再依次查看【插入】、【注释】、【参数化】、【视图】、【管理】、【输出】选项卡下各功能面板。

⑦ 单击功能区选项卡右侧的【最小化为面板】按钮◎，可最小化功能区，从而扩大绘图空间。此按钮◎可在【最小化为面板】、【最小化为面板标题】、【最小为选项卡】和【显示为完整功能】之间切换，请读者自己体会其切换后的不同效果。

## 2. 改变绘图背景

绘图区默认的背景颜色为黑色，用户可以根据自己的习惯改变其背景颜色。

改变背景颜色的操作方法如下：选择【工具】菜单的【选项】命令，打开【选项】对话框，单击【显示】标签，切换到【显示】选项卡，在【显示】选项卡中，单击【颜色】按钮，打开【图形窗口颜色】对话框，在该对话框中的【背景】下拉列表框中选择【二维模型空间】，【界面元素】下拉列表框中选择【统一背景】，然后在【颜色】下拉列表框中选择【白色】，在【预览】区域即刻显示所选择的颜色。选择好颜色后，单击【应用并关闭】按钮，背景色即变为所选择的颜色。读者可以自己体会选项对话框的功能，必要时可以用【帮助】按钮。

## 3. 设置工具栏

AutoCAD 2018 共有标准、绘图、修改等 52 个工具栏，系统默认情况下，没有显示工具栏。用户可以根据自己的绘图习惯，选择显示或者关闭哪些工具栏。

设置方法为：点击【工具（T）/工具栏/AutoCAD】菜单（若界面上有工具栏，则用鼠标右键在工具栏的任一工具上单击），将打开一快捷菜单，用户可以通过在工具栏名称上单击鼠标左键的方式打开或关闭某一个工具栏，拖动工具栏到用户界面的边缘位置。请完成以下的操作：

① 点击【工具（T）/工具栏/AutoCAD】菜单，在弹出的工具栏快捷菜单中选择【标准】、【对象捕捉】命令，观察显示的（或关闭）【标准】、【对象捕捉】工具栏。

② 用鼠标右键单击任何一个工具，显示或关闭其他工具栏。

③ 用鼠标拖动【对象捕捉】工具栏，改变其形状及位置。

## 4. 缩放视图观察

在绘图过程中，为了方便地进行对象捕捉，准确地绘制图形，常常需要将视图放大或局部放大；或者从整体上观察图形，需要将整个图形缩小。不论是放大或缩小，对象的实际尺寸都保持不变。缩放视图是绘图中经常使用的方法，是保证清晰和精确绘制图形的重要手段。

选择【文件】菜单的【打开】命令，打开在 AutoCAD 2018 安装目录下的【Sample/Database Connectivity】目录中的【Floor Plan Sample.dwg】文件。用户可以使用 ZOOM 命令、功能区【视图/导航】面板或者【视图】菜单等方法缩放图形。

如图 1.1 所示，请使用功能区【视图/导航】面板完成以下操作：

① 使用鼠标"滑轮"放大、缩小图形。

② 使用【上一个】按钮 回到原来状态。

③ 使用【实时】按钮 放大缩小图形。

④ 使用【平移】按钮🤚查看图形。

⑤ 使用【圆心】按钮🔍放大查看该图左边楼梯详细情况。

⑥ 使用【窗口】按钮🔍查看办公室情况。

⑦ 使用【全部】按钮🔍和【范围】按钮🔍查看全图，并指出两按钮的区别。

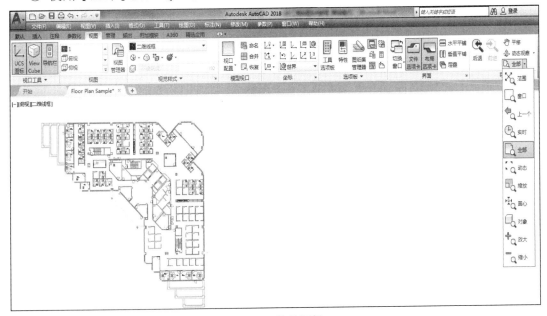

**图 1.1　导航面板**

# 实例二　绘图准备

## 1. 新建文件

要创建新图形，可以使用【创建新图形】对话框或【选择样板】对话框，也可以不使用任何对话。我国一般使用"公制"单位作图，为使"公制"为新建图形的缺省绘图单位制，一般选择使用【创建新图形】对话框来新建图形。操作方法如下：

① 将系统变量 STARTUP 和 FILEDIA 均设置为 1（开）。

② 选择【文件】菜单的【新建】命令，打开【创建新图形】对话框，单击【从草图开始】按钮，在【默认设置】区域，选择【公制】单选钮，单击【确定】按钮即可新建一个文件。

## 2. 新建图层，设置图层颜色、线型和线宽

AutoCAD 图层可理解为由一组图形元素构成的无厚度透明片，各层之间相互对齐。每一图层上都可以指定绘图所需要的线型、线宽和颜色等。不同的图层可以具有相同的线型和颜色，也可以不同。读者可以按表 1.1 建立图层（对应功能区【默认/图层/图层特性管理器】按钮🗐）并设置图层的颜色、线型和线宽，表中没有特别标出的，均为用户自行确定。

3

表 1.1　图层与线型的对应关系（GB/T 14665—2012）

| 图　层 | 线　型　描　述 | 颜　色 |
|---|---|---|
| 01 | 粗实线 | 白 |
| 02 | 细实线、细波浪线、细折断线 | 红、绿、蓝 |
| 03 | 粗虚线 | |
| 04 | 细虚线 | 黄 |
| 05 | 细点画线 | 蓝绿/浅绿 |
| 06 | 粗点画线 | 棕 |
| 07 | 细双点画线 | 粉红/橘红 |
| 08 | 尺寸线、符号细实线 | |
| 09 | 参考圆、包括引出线和终端 | |
| 10 | 剖面符号 | |
| 11 | 文本（细实线） | |
| 12 | 尺寸值和公差 | |
| 13 | 文本（粗实线） | |
| 14 | 用户选用 | |

### 3. 控制线宽显示

虽然可以设置图层中线的宽度，但是系统默认状态下，线宽并不显示。也就是说，所有的线宽看起来都是一样的，这主要是为了绘图编辑的方便。但是在打印输出时，这些线的宽度都将表现出来。

在绘图和编辑时，也可以让线的宽度显示出来。单击绘图区下端状态栏上【显示/隐藏线宽】按钮，该按钮变"亮" 将显示线宽，变"暗" 则不显示线宽。

对于每个线型宽度，除系统默认外，用户也可以自行定义。选择【格式】菜单的【线宽】命令，打开【线型设置】对话框，在该对话框中，不但可以设置图层的线宽，还可以设置线宽的单位和调整显示比例。如果选中【显示线宽】复选框，将显示图形中线的宽度，否则，所有的线都显示为细线。

### 4. 控制线型的显示

有时用户虽然选取点画线、虚线等有间距的线型，但可能在屏幕上看起来仍是实线，必须进行适当的缩放，才能确定它真正的线型，这是由于采用了不适当的线型比例。为了在屏幕上显示真实的线型，必须配制适当的线型比例。

点击【格式/线型】菜单，打开【线型管理器】对话框。在【线型管理器】对话框中选择要设置比例因子的线型，然后单击【显示细节】按钮，在【全局比例因子】文本框中输入比例因子，单击【确定】按钮，则 AutoCAD 会按新比例重新生成图形。

请完成以下操作，观察线型间距变化：

① 新建一个图层（对应功能区【默认/图层/图层特性管理器】按钮），其图层名设置为"虚线"，线型设置为"DASHED"，并将该层设置为当前层。

② 使用 Rectang 命令（对应功能区【默认/绘图/矩形】按钮▢）绘制一个矩形，其左下角点坐标为（25，5），右上角点坐标为（292，205）。

③ 选择【格式】菜单的【线型】命令，将【全局比例因子】分别设置为 0.1、0.3、3、10、1 等，观察线型间距变化。

### 5. 设置图形界限

在使用 AutoCAD 绘图时，需要确定一个绘图区域，即工作区。国家标准中对图纸的幅面（单位和大小）进行了具体规定，在 AutoCAD 中可以使用 Unit 命令（对应【格式/单位】菜单）对度量的单位进行更多的设置。

定义图形界限就是确定绘图区域，可以使用 Limits 命令调整图形边界。图形边界用两个坐标（X，Y）表示，一个表示绘图区的左下角，一个表示绘图区的右上角。完成以下操作：

① 新建一个图层（对应功能区【默认/图层/图层特性管理器】按钮🖳），其图层名设置为"点画线"，线型设置为"CENTER"，并将该层设置为当前层。

② 使用 Limits 命令（对应【格式/图形界限】菜单），定义一个宽为 420、高为 297 的绘图区；使用功能区【视图/导航/全部】按钮🔍查看全图；使用 Rectang 命令（对应功能区【默认/绘图/矩形】按钮▢）绘制一个矩形，其左下角点坐标为（25，5），右上角点坐标为（420，297）。

③ 使用 Limits 命令，定义一个宽为 4 200、高为 2 970 的绘图区；使用功能区【视图/导航/全部】按钮🔍查看全图；使用 Rectang 命令（对应功能区【默认/绘图/矩形】按钮▢）绘制一个矩形，其左下角点坐标为（25，5），右上角点坐标为（4 200，2 970）。

④ 选择【格式】菜单的【线型】命令，将【全局比例因子】分别设置为 0.1、1 和 10 等，观察线型间距的变化。

### 6. 对象捕捉与对象自动捕捉

利用对象捕捉功能，可以提高绘图效率与准确性。当启用对象捕捉功能时，可以打开图 1.2 所示的对象捕捉工具栏。

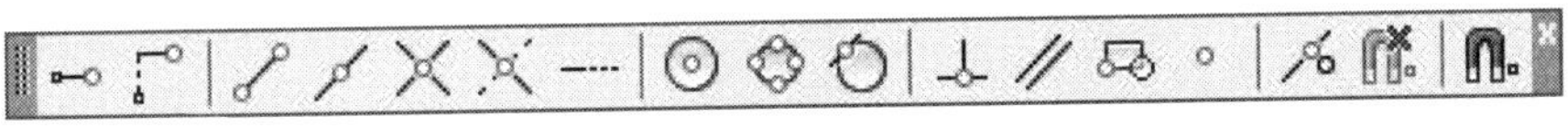

**图 1.2　对象捕捉工具栏**

绘制图 1.3 所示图形的操作如下：

① 绘制三个圆（尺寸、位置自定）。

② 利用鼠标右键单击状态栏中的【对象捕捉】按钮▢，选择【设置】命令，打开【草图设置】对话框，选择【端点】、【中点】、【圆心】、【交点】捕捉方式后，单击【确定】按钮。若此时状态栏中的【对象捕捉】按钮▢为"暗"色，请单击【对象捕捉】按钮▢使其变"亮"。

③ 绘制圆心连线及中线。

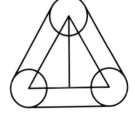

**图 1.3　利用对象捕捉功能绘图**

绘制三条公切线。方法为：点击功能区【默认/绘图/直线】按钮╱，点击【对象捕捉】工具栏上的【捕捉到切点】按钮⭕，选择一个圆，再点击【对象捕捉】工具栏上的【捕捉到切点】按钮⭕，再选择一个圆，即可绘制出一条公切线。同理可绘制其他切线。

# 实例三 绘制平面图形

绘制平面图形时，应根据给定的尺寸，分析图中各线段的形状、大小和它们的相对位置，从而确定正确的画图步骤。下面以绘制图 1.4 为例，具体介绍绘制平面图形的方法。

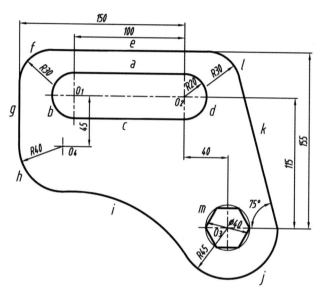

**图 1.4 平面图形**

通过对图 1.4 的尺寸分析可知：圆弧 b、d、j，圆 m 及其内接正六边形，直线 e、g、k 为已知线段（凡是定形尺寸和定位尺寸齐全的线段称为已知线段）；直线 a、c，圆弧 f、i、l 为连接线段（只有定形尺寸而无定位尺寸，要根据与其相邻的两个线段的连接关系，用几何作图的方法才能画出的线段称为连接线段），圆弧 h 为中间线段（中间线段介于已知线段和连接线段之间，它往往具有定形尺寸，但定位尺寸不全，画图时应根据与其相邻的另一个线段的连接关系画出）。

在对平面图形进行尺寸分析和线段分析之后，可采用的画图步骤如下：先画出已知线段，再画出中间线段，最后画出连接线段。具体作图步骤如下：

## 1．新建文件

选择【文件】菜单的【新建】命令，打开【创建新图形】对话框（若没有出现该对话框，请参考本实验实例二进行设置），单击【从草图开始】按钮，在【默认设置】区域，选择【公制】单选钮，单击【确定】按钮即可新建一个文件。

## 2．新建图层、设置线型和线宽

使用 LAYER 命令（对应功能区【默认/图层/图层特性管理器】按钮），创建两个新的图层，并将其层名分别设置为"粗实线"和"点画线"。将"点画线"图层的线型设置为"CENTER"，"粗实线"图层的线宽设置为 0.5。

### 3. 设置状态栏中部分按钮工作方式

利用鼠标右键单击状态栏中的【对象捕捉】按钮 ▣，选择【设置】命令，打开【草图设置】对话框，选择【端点】、【中点】、【圆心】、【交点】捕捉方式后，单击【确定】按钮。若此时状态栏中的【对象捕捉】按钮为"暗"色，请单击【对象捕捉】按钮使其变"亮" ▣。

利用鼠标右键单击状态栏中的【极轴追踪】按钮 ⊙，选择【设置】命令，打开【草图设置】对话框，将【增量角】设为"15°"，单击【确定】按钮。若状态栏上的【极轴追踪】按钮是"暗"色，则单击状态栏上的【极轴追踪】按钮，使其变"亮"。

若状态栏上的【对象捕捉追踪】按钮 ∠ 是"暗"色，则单击状态栏上的【对象捕捉追踪】按钮，使其变"亮"。

若状态栏上的【显示/隐藏线宽】按钮 ☰ 是"暗"色，则单击状态栏上的【显示/隐藏线宽】按钮，使其变"亮"。

说明：本书中上述【状态栏】的设置为常态设置，以后不再就此作相关的叙述。

### 4. 画已知线段

将"粗实线"层设置为当前层。

命令：_circle          //点击功能区【默认/绘图/画圆】按钮 ⊙

指定圆的圆心或 [三点(3P)/两点(2P)/相切、相切、半径(T)]：          //在适当位置取点 $O_1$

指定圆的半径或 [直径(D)]：**20**

命令：_circle          //点击功能区【默认/绘图/画圆】按钮 ⊙

指定圆的圆心或 [三点(3P)/两点(2P)/切点、切点、半径(T)]：100          //鼠标指向点 $O_1$，待出现圆心标记后，鼠标水平沿出现的虚线向右移动，输入 100 后按【Enter】键

指定圆的半径或 [直径(D)] <20.0000>：**20**

命令：_circle          //点击功能区【默认/绘图/画圆】按钮 ⊙

指定圆的圆心或 [三点(3P)/两点(2P)/切点、切点、半径(T)]：_from          //点击【对象捕捉】工具栏上的【捕捉自】按钮 ┌°

基点：          //捕捉 $O_2$

<偏移>：**@40，－115**          //输入 $O_3$ 与 $O_2$ 两点之间的相对坐标

指定圆的半径或 [直径(D)] <40.0000>：**45**

命令：_polygon          //点击功能区【默认/绘图/正多边形】按钮 ⬠

输入边的数目 <4>：**6**

指定多边形的中心点或 [边(E)]：          //捕捉 $O_3$

输入选项 [内接于圆(I)/外切于圆(C)] <I>：          //按【Enter】键

指定圆的半径：**20**

命令：_line          //画直线 e、g

指定第一点：**40**          //鼠标指向 $O_2$ 点，待出现圆心标记后，鼠标垂直沿出现的虚线向上移动，输入 40 后按【Enter】键

指定下一点或 [放弃(U)]：**150**          //鼠标向左移动后，输入 150

指定下一点或 [放弃(U)]：**85**          //鼠标向下移动后，输入 85

7

指定下一点或 [闭合(C)/放弃(U)]：　　//按【Enter】键

命令：_line　　　　　　　　//画直线 k

指定起点：　　　　　　　//鼠标指向 $O_3$ 点，待出现圆心标记后，鼠标水平沿出现的虚
　　　　　　　　　　　　　　　线向右移动，与圆 j 相交，捕捉交点

指定通过点：**@130<105**

指定通过点：　　　　　//按【Enter】键

## 5．画中间线段

命令：_circle　　　　　　//点击功能区【默认/绘图/画圆】按钮◎

指定圆的圆心或 [三点(3P)/两点(2P)/相切、相切、半径(T)]：//点击【捕捉自】工具 ⌐

基点：　　　　　　　　//捕捉 $O_1$

<偏移>：**@－10，－45**　//根据尺寸 150、100、45、R40，可以推算出 $O_4$ 与 $O_1$ 的相
　　　　　　　　　　　　　对坐标为（－10，－45）

指定圆的半径或 [直径(D)] <20.0000>：**40**

## 6．画连接线段

命令：_fillet　　　//画连接圆弧 1，点击功能区【默认/修改/圆角】按钮

当前设置：模式 = 修剪，半径 = 0.0000

选择第一个对象或 [放弃(U)/多段线(P)/半径(R)/修剪(T)/多个(M)]：**r**

指定圆角半径 <0.0000>：**30**

选择第一个对象或 [放弃(U)/多段线(P)/半径(R)/修剪(T)/多个(M)]：　　//选取直线 k

选择第二个对象，或按住【Shift】键选择要应用角点的对象：　　　　//选取直线 e

命令：_fillet　　　//画连接圆弧 f，点击功能区【默认/修改/圆角】按钮

当前模式：模式 = 修剪，半径 = 30.0000

选择第一个对象或 [放弃(U)/多段线(P)/半径(R)/修剪(T)/多个(M)]：　　//选取直线 e

选择第二个对象，或按住【Shift】键选择要应用角点的对象：　　　　//选取直线 g

命令：_fillet　　　//画连接圆弧 i，点击功能区【默认/修改/圆角】按钮

当前模式：模式 = 修剪，半径 = 30.0000

选择第一个对象或 [放弃(U)/多段线(P)/半径(R)/修剪(T)/多个(M)]：**r**

指定圆角半径 <30.0000>：**125**

选择第一个对象或 [放弃(U)/多段线(P)/半径(R)/修剪(T)/多个(M)]：　　//选取圆 h

选择第二个对象，或按住【Shift】键选择要应用角点的对象：　　　　//选取圆 j

命令：_line　　　//画直线 a、c，作图过程略

## 7．修剪多余的图线

命令：_trim　　　　　　　//点击功能区【默认/修改/修剪】按钮，以修剪圆弧 h 为例，
　　　　　　　　　　　　　其他修剪过程略

当前设置：投影=UCS，边=延伸

选择剪切边 …

选择对象：          //选取直线 g

选择对象：          //选取圆弧 i

选择对象：          //按【Enter】键，结束对象选择

选择要修剪的对象，或按住【Shift】键选择要延伸的对象，或[栏选(F)/窗交(C)/投影(P)/
边(E)/删除(R)/放弃(U)]：    //点击要剪除的圆弧 h

选择要修剪的对象，或按住【Shift】键选择要延伸的对象，或[栏选(F)/窗交(C)/投影(P)/
边(E)/删除(R)/放弃(U)]：    //按【Enter】键

### 8. 补画定位基准线

根据各图形元素的位置补画定位基准线。

用手工绘图必须先画定位基准线后再画其他图线，而用计算机绘图时，绘图基准线可以
先画，也可以后画，但心中要清楚各基准线的位置，这样做的目的是节省修改定位基准线的
时间。当图形比较复杂时，建议还是先画好定位基准线。

# 实例四  绘制组合体的主视图和俯视图

物体的三视图有如下的对应关系：主、俯视图长相等（长对正）；主、左视图高相等（高
平齐）；俯、左视图宽相等且前后对应。根据三视图的投影规律，作图时应充分应用 AutoCAD
的极轴、对象捕捉和对象追踪功能。下面以绘制图 1.5 为例，介绍绘制组合体的主视图和俯
视图的方法，其参考作图步骤如下。

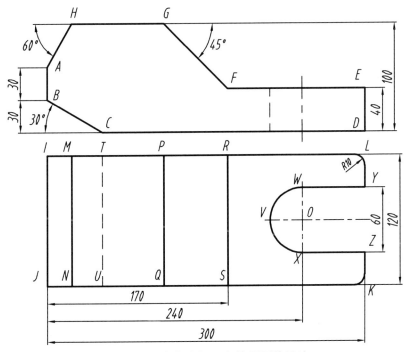

**图 1.5  组合体主视图和俯视图的画法**

## 1. 作图准备

选择【文件】菜单的【新建】命令，打开【创建新图形】对话框（若没有出现该对话框，请参考本实验实例二进行设置），单击【从草图开始】按钮，在【默认设置】区域，选择【公制】单选钮，单击【确定】按钮即可新建一个文件。

使用 LAYER 命令（对应功能区【默认/图层/图层特性管理器】按钮 ），创建 3 个新的图层，并将其层名分别设置为"粗实线""点画线"和"虚线"。其中："粗实线"层的线宽设置为 0.5，"点画线"层的线型设置为"CENTER"，"虚线"层的线型设置为"DASHED"。

状态栏中各按钮的工作方式及设置方法如同实例三。

## 2. 画主视图

选择"粗实线"层为当前层。

命令：_line        //点击功能区【默认/绘图直线】按钮 ，从 A 点开始画图

指定第一点：                    //在屏幕的适当位置拾取一点为 A 点

指定下一点或 [放弃(U)]：**30**    //将鼠标垂直向下移动，待 A 点的正下方出现虚线后，输入 30，即画出直线 AB

指定下一点或 [放弃(U)]：**60**    //将鼠标向 B 点右下方移动，待在 B 点右下方 330°方向出现虚线后，输入 60，即画出直线 BC

指定下一点或 [闭合(C)/放弃(U)]：**_from**    //选取【捕捉自】按钮

基点：                    //捕捉 B 点为基点

<偏移>：**@300，−30**    //用相对位置法，画出直线 CD

指定下一点或 [闭合(C)/放弃(U)]：**40**    //鼠标向 D 点正上方移动，待出现经过 D 的垂直虚线后，输入 40，即画出直线 DE

指定下一点或 [闭合(C)/放弃(U)]：**130**    //鼠标向 E 点的左方水平移动

指定下一点或 [闭合(C)/放弃(U)]：**@−60，60**    //画直线 FG

指定下一点或 [闭合(C)/放弃(U)]：    //鼠标先指向 A 点，待出现【端点】捕捉标志后，鼠标向 A 点的正上方移动，当鼠标接近与 G 点水平的位置时，会出现两条正交的虚线，拾取虚交点，即画出一条经过 HG 的水平线

指定下一点或 [闭合(C)/放弃(U)]：    //按【Enter】键，结束 LINE 命令

命令：_line        //画线 AH

指定第一点：                    //拾取 A 点

指定下一点或 [放弃(U)]：**60**    //将鼠标向 A 点右上方移动，待 60°方向出现经过 A 点的虚线后，输入 60，即画出经过 AH 的直线

指定下一点或 [放弃(U)]：    //按【Enter】键，结束 LINE 命令

命令：**_trim**    //点击功能区【默认/修改/修剪】按钮 ，修剪出直线 AH、GH

当前设置：投影=UCS，边=无

选择剪切边 ...

选择对象：找到 1 个          //选取直线 AH

选择对象：找到 1 个，总计 2 个    //选取直线 GH

选择对象：                //按【Enter】键，结束剪切边选择

选择要修剪的对象，或按住【Shift】键选择要延伸的对象，或[栏选(F)/窗交(C)/投影(P)/边(E)/删除(R)/放弃(U)]：    //选取超出直线 AH 的一端

选择要修剪的对象，或按住【Shift】键选择要延伸的对象，或[栏选(F)/窗交(C)/投影(P)/边(E)/删除(R)/放弃(U)]：    //选取超出直线 GH 的一端

选择要修剪的对象，或按住【Shift】键选择要延伸的对象，或[栏选(F)/窗交(C)/投影(P)/边(E)/删除(R)/放弃(U)]：    //按【Enter】键，结束 TRIM 命令

## 3. 画俯视图

命令：_pan        //点击功能区【视图/导航/平移】按钮◎，移动屏幕，使主视图靠上方，以便绘制俯视图

按【Esc】键或【Enter】键退出，或单击右键显示快捷菜单。

命令：_line        //点击功能区【默认/绘图/直线】按钮╱，画俯视图轮廓

指定第一点：        //鼠标指向 B 点，待 B 点出现捕捉标志后，将鼠标向 B 点的正下方沿垂直的虚线移动，在适当的位置拾取一点为 I 点

指定下一点或 [放弃(U)]：120   //将鼠标向 I 点的正下方移动，待 I 出现经过 I 点的垂直虚线后，输入 120，即画出直线 IJ

指定下一点或 [放弃(U)]：     //鼠标先指向 D 点，出现捕捉标志后，将鼠标向 D 点的正下方移动，待鼠标接近 J 点的同一水平位置时，出现两条正交的虚线，拾取虚交点，即画出直线 JK

指定下一点或 [闭合(C)/放弃(U)]：    //同理画出直线 KL

指定下一点或 [闭合(C)/放弃(U)]：    //拾取 I 点

指定下一点或 [闭合(C)/放弃(U)]：    //按【Enter】键，结束 LINE 命令

命令：_regen      //整理屏幕，对应【视图/重生成】菜单

正在重生成模型。

命令：_line        //点击功能区【默认/绘图/直线】按钮╱，画直线 MN

指定第一点：      //鼠标先指向 H 点，出现捕捉标志后，将鼠标向 H 点的正下方沿出现的虚线移动，当鼠标移至虚线与 LI 水平线的交点时，拾取交点即得 M 点

指定下一点或 [放弃(U)]：    //捕捉直线 MN 与 KJ 的交点 N

指定下一点或 [放弃(U)]：    //按【Enter】键

同理，可画出直线 PQ、RS。

将"点画线"层设置为当前层。

命令：_line        //点击功能区【默认/绘图/直线】按钮╱，画水平点画线

指定第一点：      //取直线 IJ 的中点

指定下一点或 [放弃(U)]： //取直线 KL 的中点

指定下一点或 [放弃(U)]：

命令：_offset　　　　　//点击功能区【默认/修改/偏移】按钮⬚，画垂直的点画线

当前设置：删除源=否　　图层=源　　OFFSETGAPTYPE=0

指定偏移距离或 [通过(T)/删除(E)/图层(L)]<60.0000>：**60**

选择要偏移的对象，或 [退出(E)/放弃(U)] <退出>：　　//选取直线 KL

指定要偏移的那一侧上的点，或 [退出(E)/多个(M)/放弃(U)] <退出>：

//在直线 KL 的左侧取一点

指定要偏移的那一侧上的点，或 [退出(E)/多个(M)/放弃(U)] <退出>：//按【Enter】键

命令：_matchprop　　　　　//点击功能区【默认/特性/特性匹配】按钮⬚

选择源对象：　　　　　　//选取水平点画线 OV

当前活动设置：颜色　图层　线型　线型比例　线宽　厚度　打印样式　文字　标注
图案填充

选择目标对象或 [设置(S)]：//选取直线 WX

选择目标对象或 [设置(S)]：　　//按【Enter】键

将 "粗实线" 层设置为当前层。

命令：_circle　　　　　//点击功能区【默认/绘图/画圆】按钮⬚

指定圆的圆心或 [三点(3P)/两点(2P)/相切、相切、半径(T)]：//拾取点 O

指定圆的半径或 [直径(D)]：**30**

命令：_line　　　　　//点击功能区【默认/绘图/直线】按钮⬚

指定第一点：　　　　　　//选取象限点捕捉方式，拾取 W 点

指定下一点或 [放弃(U)]：//捕捉 WY 与 LK 的垂直点 Y

指定下一点或 [放弃(U)]：//按【Enter】键

同理可画直线 XZ。

命令：_trim　　　　　//点击功能区【默认/修改/修剪】按钮⬚

当前设置：投影=UCS，边=无

选择剪切边 …

选择对象：找到 1 个　　　　　　//选取直线 WY

选择对象：找到 1 个，总计 2 个　//选取直线 XZ

选择对象：找到 1 个，总计 3 个　//选取圆

选择对象：

选择要修剪的对象，或按住【Shift】键选择要延伸的对象，或[栏选(F)/窗交(C)/投影(P)/
边(E)/删除(R)/放弃(U)]：　//选取多余的圆弧

选择要修剪的对象，或按住【Shift】键选择要延伸的对象，或[栏选(F)/窗交(C)/投影(P)/
边(E)/删除(R)/放弃(U)]：　//选取直线 LK 多余部分

选择要修剪的对象，或按住【Shift】键选择要延伸的对象，或[栏选(F)/窗交(C)/投影(P)/
边(E)/删除(R)/放弃(U)]：　//选取过长的水平点画线

选择要修剪的对象，或按住【Shift】键选择要延伸的对象，或[栏选(F)/窗交(C)/投影(P)/

边(E)/删除(R)/放弃(U)：    //选取一端过长水平点画线

选择要修剪的对象，或按住【Shift】键选择要延伸的对象，或[栏选(F)/窗交(C)/投影(P)/边(E)/删除(R)/放弃(U)]：    //选取另一过长水平点画线

选择要修剪的对象，或按住【Shift】键选择要延伸的对象，或[栏选(F)/窗交(C)/投影(P)/边(E)/删除(R)/放弃(U)]：    //按【Enter】键

命令：_fillet    //点击功能区【默认/修改/圆角】按钮

当前设置：模式 = 修剪，半径 = 0.0000

选择第一个对象或 [放弃(U)/多段线(P)/半径(R)/修剪(T)/多个(M)]：**r**

指定圆角半径 <0.0000>：**10**

选择第一个对象或 [多段线(P)/半径(R)/修剪(T)]：    //选取直线 LY

选择第二个对象：    //选取直线 IL

命令：_fillet    //点击功能区【默认/修改/圆角】按钮

当前模式：模式 = 修剪，半径 = 10.0000

选择第一个对象或 [多段线(P)/半径(R)/修剪(T)]：    //选取直线 ZK

选择第二个对象：    //选取直线 JK

命令：_lengthen    //选取【修改】菜单条中的【拉长】菜单

选择对象或 [增量(DE)/百分数(P)/全部(T)/动态(DY)]：DE

输入长度增量或 [角度(A)] <0.0000>：**5**

选择要修改的对象或 [放弃(U)]：    //选取直线 OV 左端

选择要修改的对象或 [放弃(U)]：    //选取直线 OV 右端

选择要修改的对象或 [放弃(U)]：    //选取直线 XW 上端

选择要修改的对象或 [放弃(U)]：    //选取直线 XW 下端

选择要修改的对象或 [放弃(U)]：    //按【Enter】键

## 4. 其他绘制

补画各视图中的定位基准线和虚线。


# 实例五  绘制组合体的主视图和左视图

下面以绘制图 1.6 为例介绍绘制组合体的主视图和左视图的方法，其参考作图步骤如下。

## 1. 作图准备

选择【文件】菜单的【新建】命令，打开【创建新图形】对话框（若没有出现该对话框，请参考本实验实例二进行设置），单击【从草图开始】按钮，在【默认设置】区域，选择【公制】单选钮，单击【确定】按钮即可新建一个文件。

使用 LAYER 命令（对应功能区【默认/图层/图层特性管理器】按钮），创建 3 个新的图层，并将其层名分别设置为"粗实线""点画线"和"虚线"。其中："粗实线"层的线宽设

置为 0.5，"点画线"层的线型设置为"CENTER"，"虚线"层的线型设置为"DASHED"。

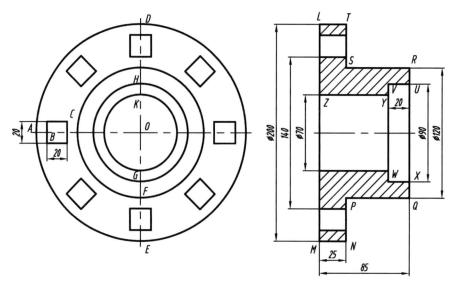

**图 1.6  组合体主视图和左视图的画法**

状态栏中各按钮的工作方式及设置方法如同实例三。

## 2. 画主视图

设置"点画线"层为当前层。

命令：**_xline**　　　//点击功能区【默认/绘图/构造线】按钮✎，画水平基准线 AO

指定点或 [水平(H)/垂直(V)/角度(A)/二等分(B)/偏移(O)]：//在屏幕的中央任取一点

指定通过点：　　　//任取一点画水平线

指定通过点：

命令：**_line**　　　//点击功能区【默认/绘图/直线】按钮✎，画垂直基准线 DE

指定第一点：　　　//在屏幕的左上方任取一点，高于 D 点

指定下一点或 [放弃(U)]：//在上一点的正下方任取一点，低于 E 点

指定下一点或 [放弃(U)]：//按【Enter】键

设置"粗实线"层为当前层。

命令：**_cirlce**　　　　　//点击功能区【默认/绘图/画圆】按钮⊘

指定圆的圆心或 [三点(3P)/两点(2P)/相切、相切、半径(T)]：//捕捉 O 点

指定圆的半径或 [直径(D)] <35.0000>：**100**

重复 CIRCLE 命令，画出主视图中其他几个圆。

命令：**_rectang**　　　　　//点击功能区【默认/绘图/矩形】按钮▭

指定第一个角点或 [倒角(C)/标高(E)/圆角(F)/厚度(T)/宽度(W)]：**_from** //点击【捕捉自】工具⌐

基点：　　　　　//捕捉圆心 O

<偏移>：**@-90，-10**　　　//利用圆心 O 与 B 点的相对位置找到 B 点

指定另一个角点：**@20，20**　　　//利用相对坐标找到 C 点

命令：**_array**　　　//点击功能区【默认/修改/阵列】按钮▦，画 8 个矩形孔

14

选择对象：找到 1 个　　　　//选取矩形 BC

选择对象：　　　　　　　　//按【Enter】键，结束对象选择

输入阵列类型 [矩形(R)/环形(P)] <R>：**P**　　　　//做环形阵列

指定阵列中心点：　　　　　　//捕捉圆心 O

输入阵列中项目的数目：**8**

指定填充角度 (+=逆时针，－=顺时针) <360>：　　//按【Enter】键

是否旋转阵列中的对象？[是(Y)/否(N)] <Y>：//按【Enter】键

## 3. 画左视图

命令：_line　　　　//点击功能区【默认/绘图/直线】按钮，画左视图外框

指定第一点：　　　　//鼠标指向 D 点，出现交点捕捉标志后，将鼠标水平向右沿虚线方向移动，在左视图位置取一点 L

指定下一点或 [放弃(U)]：　　//鼠标指向 E 点，出现交点捕捉标志后，将鼠标水平向右沿虚线方向移动，当接近 L 点正下方位置时，会出现两条正交的虚线，拾取虚交点，即画出直线 LM

指定下一点或 [放弃(U)]：**25**　　//鼠标向 M 点的右方沿出现的虚线方向移动，输入 25，即画出直线 MN

指定下一点或 [闭合(C)/放弃(U)]：　　//鼠标指向 F 点，出现交点捕捉标志后，将鼠标水平向右沿虚线方向移动，当接近 N 点正上方位置时，会出现两条正交的虚线，拾取虚交点，即画出直线 NP

指定下一点或 [闭合(C)/放弃(U)]：**60**　　//鼠标向 P 点的右方沿出现的虚线方向移动，输入 60，即画出直线 PQ

指定下一点或 [闭合(C)/放弃(U)]：　　//同理画直线 QR

指定下一点或 [闭合(C)/放弃(U)]：　　//同理画直线 RS

指定下一点或 [闭合(C)/放弃(U)]：　　//同理画直线 ST

指定下一点或 [闭合(C)/放弃(U)]：**C**　　//画直线 TL

命令：**regen**

正在重新生成模型。

命令：_line　　　　//点击功能区【默认/绘图/直线】按钮

指定第一点：　　　　//鼠标指向 H 点，出现交点捕捉标志后，将鼠标水平向右沿虚线方向移动，捕捉虚线与直线 RX 的交点 U

指定下一点或 [放弃(U)]：**20**　　//鼠标由 U 点水平向左移动，输入 20，即画直线 UV

指定下一点或 [放弃(U)]：　　//鼠标指向 G 点，出现交点捕捉标志后，将鼠标水平向右沿虚线方向移动，当接近 V 点正下方位置时，会出现两条正交的虚线，拾取虚交点，即画出直线 VW

指定下一点或 [闭合(C)/放弃(U)]：　　//鼠标由 W 点水平向右沿虚线方向移动，捕捉虚线与直线 RX 的交点 X，即画直线 WX

指定下一点或 [闭合(C)/放弃(U)]：

命令：_line　　　　//点击功能区【默认/绘图/直线】按钮╱，画直线 YZ
指定第一点：　　　　//鼠标指向 K 点，出现交点捕捉标志后，将鼠标水平向右沿虚线方向
　　　　　　　　　　　移动，捕捉虚线与直线 LM 的交点 Z
指定下一点或 [放弃(U)]：　//鼠标由 Z 点水平向右沿虚线方向移动，捕捉虚线与直线
　　　　　　　　　　　VW 的交点 Y，即画直线 ZY
指定下一点或 [放弃(U)]：　//按【Enter】键
同理可画出左视图中其他水平线。
命令：_bhatch　　　//点击功能区【默认/绘图/图案填充】按钮▨，画剖面线
选择内部点：正在选择所有对象…　//在【图案填充】对话框中点击【拾取点】按钮
正在选择所有可见对象…
正在分析所选数据…
正在分析内部孤岛…
选择内部点：　　　　　　//在要绘制剖面线的区域内拾取点，可以同时选择多个区域
……
<按【Enter】键或单击鼠标右键返回对话框>

# ● 上机作业 ●

绘制下列图形（题图 1.1 ~ 题图 1.11）。

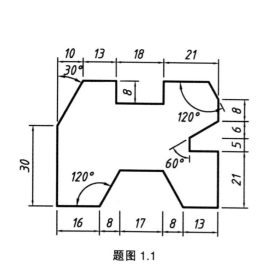

题图 1.1

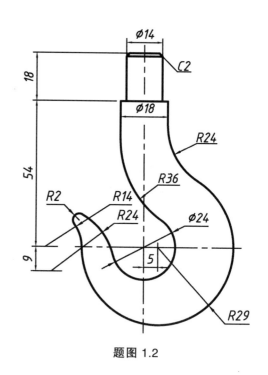

题图 1.2

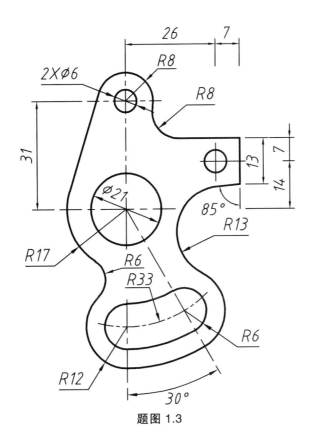

题图 1.3

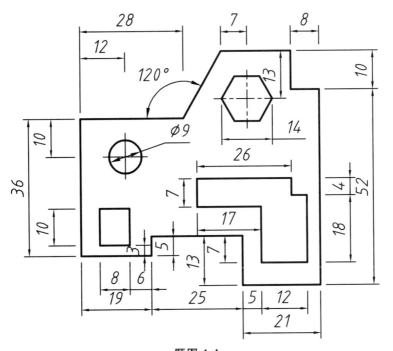

题图 1.4

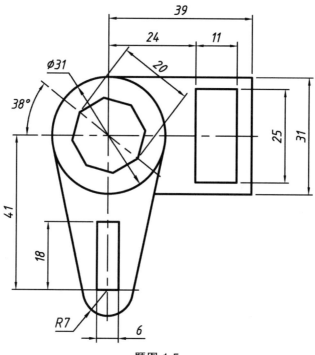

题图 1.5

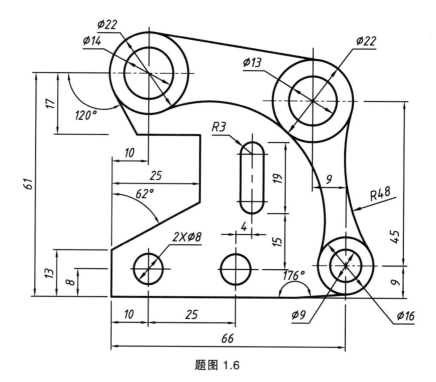

题图 1.6

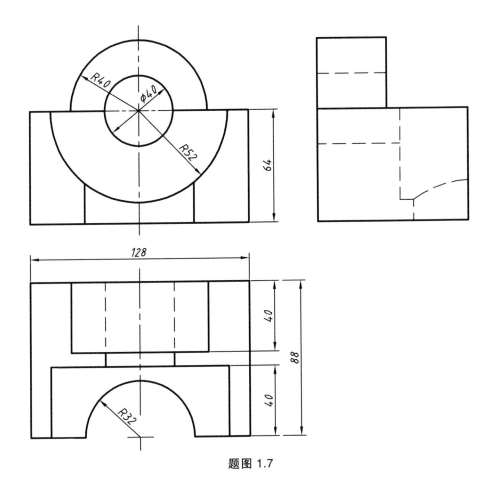

题图 1.7

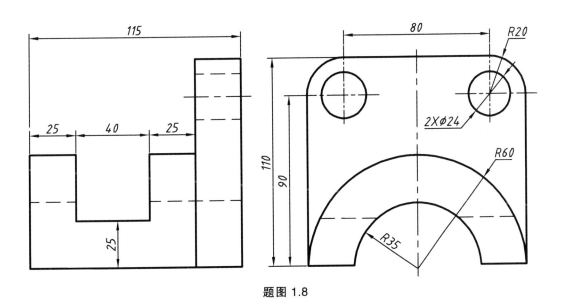

题图 1.8

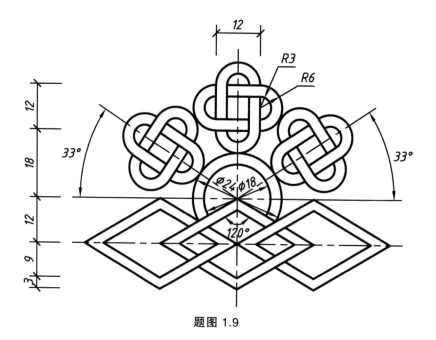

题图 1.9

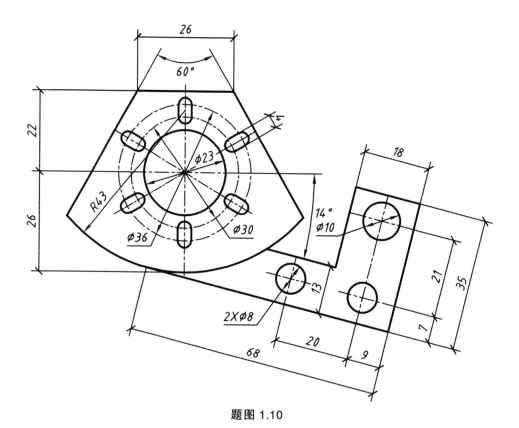

题图 1.10

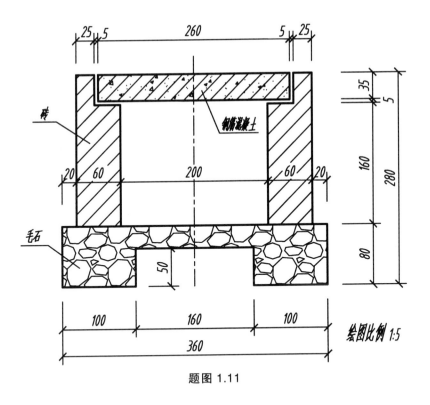

题图 1.11

绘图比例 1:5

# 实验二　机械工程图样的绘制

实验目的和要求：
① 熟悉 AutoCAD 样板图创建的方法和过程；
② 熟悉尺寸标注格式的设置，并能熟练使用尺寸标注命令进行工程图样的尺寸标注；
③ 熟悉块、属性的定义和使用；
④ 掌握绘图组织技术及工程图样中常用表达方法的画法；
⑤ 了解图纸的布局方法。

## 实例一　样板图的建立

在绘制工程图样前，应在 AutoCAD 中构造一个规范而合理的作图环境，这需要进行较为繁杂的初始化工作。然而，在相同图幅下，按相同比例绘制同一类型的工程图样时，其图纸的初始化工作完全是一样的。在 AutoCAD 中，初始化信息是可以共享的，这也正是创建样板图的目的。因此，所谓样板图，即是包括初始化信息的一个*.DWT 图形文件，它包括了用 AutoCAD 绘制同一类型的工程图所需的系统环境设置及必要的可见的图形内容。

现在以 A3 图幅为例，介绍 AutoCAD 绘图初始化的过程，进而建立一个实用的作图环境。为了减少初始化的工作量，可在 AutoCAD 提供样板图的基础上建立自己的样板图。使用 NEW 命令（对应菜单【文件（F）/新建（N）】菜单项），打开【选择样板】对话框，在【文件】列表框中选择 "Gb_a3 -Color Dependent Plot Styles.dwt"，然后单击【打开（O）】按钮。这时 AutoCAD 新建一个图形文件，在 "Gb A3 标题栏" 布局中包含有图框及标题栏等，而且已经开有一个多边形视口，其范围即为作图区域。由于每张工程图样所需的视口个数、大小及布局各不相同，在此不作修改，到具体绘制工程图样时依具体情况再进行设置。点击【模型】标签可以看到，在模型空间没有任何图形实体。建立自己的样板图，通常需要完成下面的操作。

### 1. 建立图层

使用 LAYER 命令（对应功能区【默认/图层/图层特性】按钮），打开【图层特性管理器】选项板。可以看到在新建的图形文件中除图层【0】外还有其他 6 个图层，这 6 个图层是 "Gb_a3 -Color Dependent Plot Styles.dwt" 样板文件提供的。

根据绘制工程图样的需要，一般需新增加粗实线、细实线、虚线、细点画线、粗点画线、双点画线、标注、注释文字等图层。

22

## 2. 设置字型

"Gb_a3 -Color Dependent Plot Styles.dwt" 样板文件提供了 "STANDARD" 和 "工程字" 两种文字样式，其中 "STANDARD" 样式用于尺寸标注时的文字样式，而 "工程字" 样式主要用于技术要求、标题栏文字等的书写。这两种文字样式可以满足绘制图样的要求，可以不再创建新的文字样式，只需根据作图需要切换其中一种样式为当前样式。

## 3. 设置尺寸标注样式

"Gb_a3 -Color Dependent Plot Styles.dwt" 样板文件提供了 " GB-35" 标注样式，而该标注样式与技术制图尺寸标注的要求不完全相同。为此可在 " GB-35" 标注样式基础上创建符合制图标准有关规定要求的各种标注样式及相关的子样式，如在 " GB-35" 标注样式基础上创建角度、半径、直径等类型的标注子样式等，并置该标注样式为当前标注样式。其中，角度标注子样式设置的关键在于将【文字】选项卡的【文字位置】中的【垂直（V）】选项设置为【外部】选项，【文字对齐（A）】方式设置为【水平】选项。对【半径标注】子样式和【直径标注】子样式进行设置时，应将【文字】选项卡的【文字对齐（A）】方式设置为【ISO 标准】选项。对于少量特殊的尺寸标注，可以在以后绘制工程图样时，设置替代样式来满足其相应要求。

## 4. 建立图库

工程图样图形库的建立不是短时间内可以完成的，要在以后绘制工程图样的过程中逐步积累图形库中的图块。在绘制各种图块的图形时，应严格遵守国家标准的要求。

使用 BLOCK 命令（对应功能区【默认/块/创建】按钮🗔）定义一个块时，该块是内部块，只能在存储定义该块的图形文件中使用。如果将所有的图块都存储在样板图中，将增大样板图文件的容量，为此，可用 WBLOCK 命令将内部图块转换为磁盘文件，即建立外部块，并将所有外部块放在同一个文件夹中进行统一管理。

## 5. 其他设置

绘图单位、精度、图形界限、线型比例因子、图框、标题栏等均采用 "Gb_a3 -Color Dependent Plot Styles.dwt" 样板文件中缺省的设置。

在完成上述的各项工作后，将图形文件保存为名为 "GB-A3 样板图.dwt" 样板文件。使用 SAVEAS 命令（对应菜单【文件（F）/另存为（A）...】菜单项）打开【图形另存为】对话框，在对话框的【文件类型（T）】下拉列表框中选择 "AutoCAD 图形样板（*.dwt）"，在【文件名（N）】输入栏中输入 "GB-A3 样板图" 后，单击【保存（S）】按钮即可完成 "GB-A3 样板图.dwt" 样板文件的建立。

对于其他幅面的样板文件，除了【布局】不同以外，其他的设置都是相同的。可以利用刚才建立的 "GB-A3 样板图.DWT" 样板文件新建一个文件，删除其中的 "Gb A3 标题栏" 布局。利用 LAYOUT 命令（对应菜单【插入/布局/来自样板的布局（T）...】菜单项）打开【从文件选择样板】对话框，从中选择不同的样板文件（比如 "Gb_a4 -Color Dependent Plot Styles.dwt" 样板文件），从而创建 "GB-A4 样板图.dwt" 样板文件。同样可以创建 A0、A1 和 A2 幅面的样板文件。

# 实例二 绘制轴零件图

下面以绘制图 2.1 为例，介绍绘制轴零件图的方法。

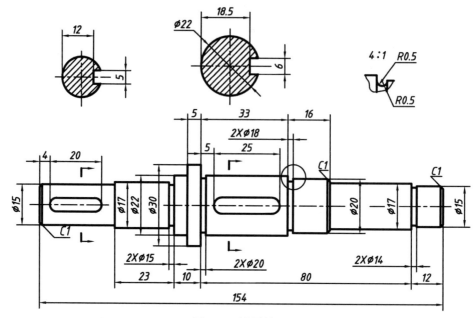

图 2.1 轴零件图

轴类零件图的绘制一般有以下几个步骤：

## 1. 绘制图形

根据零件的尺寸和准备采用的图形输出比例，在此选用"GB-A3 样板图.dwt"样板文件来绘制如图 2.1 所示的轴零件图。根据作图线型的需要选择相应的图层为当前层，以后不再提示图层的设置。

1）基准线的绘制

使用 LINE 命令（对应功能区【默认/绘图/直线】按钮 ✏）在屏幕的适当位置绘制对称轴线 C 及左、右端面线 A、B，如图 2.2 所示。

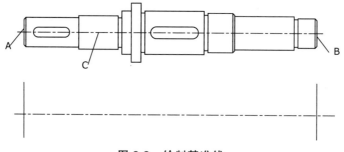

图 2.2 绘制基准线

24

2）绘制轴的轮廓线

利用 LINE 命令绘制轴的轮廓线，结果如图 2.3 所示。

绘制轮廓线时，可以从左到右绘制各段直径不同的圆柱的轮廓线，根据轴的尺寸使用【正交】捕捉方式，移动鼠标确定作图方向，直接输入线段的长度值来绘制，以提高绘图的速度。

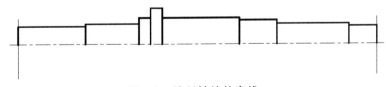

图 2.3　绘制轴的轮廓线

删除两端基准线并绘制退刀槽和倒角等，结果如图 2.4 所示。

使用 CHAMFER（对应功能区【默认/修改/镜像】按钮 ）绘制倒角，进行倒角前要设置倒角距离为 1。

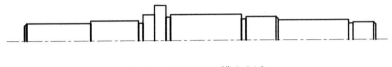

图 2.4　绘制退刀槽和倒角

利用 MIRROR 命令（对应功能区【默认/修改/镜像】按钮 ）把轴的轮廓线以轴线镜像，结果如图 2.5 所示。

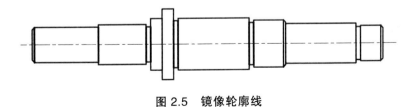

图 2.5　镜像轮廓线

3）绘制键槽和断面图

绘制断面轮廓时，首先要绘制断面图的中心线，如图 2.6 所示。

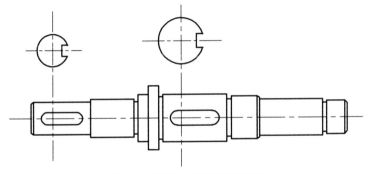

图 2.6　键槽和断面图的绘制

25

利用 HATCH 命令（对应功能区【默认/绘图/图案填充】按钮▨）填充断面图案，结果如图 2.7 所示。图形上两个断面的断面图案要分别进行填充。这是因为一次填充生成的剖面图案是一个实体集合，如果不同断面内剖面图案同时填充，则在对各个断面图进行位置调整时，会造成剖面图案的错位。

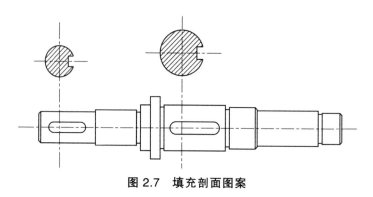

图 2.7 填充剖面图案

4）绘制局部放大图

使用 COPY 命令（对应功能区【默认/修改/复制】按钮▧）将图中 A 部分的图形复制到 B 处，结果如图 2.8 所示。

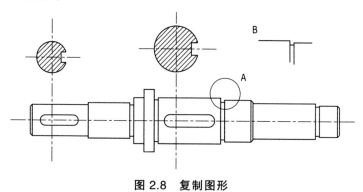

图 2.8 复制图形

使用 SCALE 命令（对应功能区【默认/修改/缩放】按钮▤）将图形 B 放大至原来的 2 倍，然后绘制局部放大图的细节特征。

局部放大图中波浪线的画法如下：

① 用 SPLINE 命令（对应功能区【默认/绘图/样条曲线拟合】按钮√）绘制样条曲线，如图 2.9（b）所示；

② 用 TRIM 命令（对应功能区【默认修改/修剪】按钮⊬）修剪掉图 2.9（b）中多余的图线，得到图 2.9（c）。

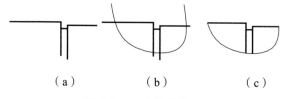

（a） （b） （c）

图 2.9 波浪线的画法

5）绘制剖切符号、修整图线

绘制剖切符号后，利用 BREAK 命令（对应功能区【默认修改/打断】按钮⬚）切除多余的线段并删除多余的作图基准线，完成图形的绘制。结果如图 2.10 所示。

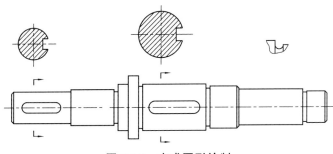

图 2.10　完成图形绘制

## 2. 标注尺寸

图形结构绘制工作完成后，就可以开始进行尺寸标注。一般的尺寸标注不是很复杂，这里重点介绍在非圆视图上标注直径尺寸和倒角的指引线的标注方法。

1）在非圆视图上标注直径尺寸的方法

工程图样中经常会出现在非圆视图上标注直径尺寸的情况，此时，所标注的尺寸的类型是线性尺寸，如图 2.1 中的"$\phi$17""$\phi$22"等。但是在 AutoCAD 中标注尺寸时，在实际操作中会发现只有在标注直径类型的尺寸时，才会在尺寸数值前加上直径符号"$\phi$"。要想在标注线性尺寸时在尺寸数值前加上"$\phi$"符号，可以采用下面两种方法：其一是修改尺寸标注样式，设置标注样式【主单位】选项卡的【前缀】为"%%C"，但是这会使所有尺寸都出现前缀"$\phi$"，不适合采用；其二是在尺寸标注完成后，用 PROPERTIES 命令来修改尺寸标注实体的文字属性，利用【文字替代】来替换掉【测量单位】以达到要求，但是这样使用起来都比较烦琐。

所以，常采用下面的方法来完成在非圆视图上标注直径尺寸的工作。其实质就是用【多行文字】来替代【测量单位】，与上述的第二种方法是一致的。

下面以图 2.1 中"$\phi$17"尺寸的标注为例进行介绍。

命令：_dimlinear（对应"标注"工具栏中的"线性"按钮⊢）

指定第一个尺寸界线原点或<选择对象>：

指定第二条尺寸界线原点：

指定尺寸线位置或[多行文字(M)/文字(T)/角度(A)/水平(H)/垂直(V)/旋转(R)]：m

指定尺寸线位置或[多行文字(M)/文字(T)/角度(A)/水平(H)/垂直(V)/旋转(R)]：

标注文字 = 17

在系统提示"[多行文字(M)/文字(T)/角度(A)/水平(H)/垂直(V)/旋转(R)]："时，输入选项"m"并按【Enter】键，系统将弹出【文字编辑器】。【文字编辑器】显示了顶部带有标尺的边框和【文字格式】工具栏。在边框里可以看到有"17"，在此字符前输入字符串"%%C"，系统将自动显示为"$\phi$"符号，如图 2.11 所示，单击【确定】按钮，【文字编辑器】关闭。

完成后面的命令操作后，图上标注的尺寸文字为"$\phi$17"，而不是命令序列里显示的标注文字"17"。

图 2.11　文字编辑器

2）标注倒角指引线的方法

如图 2.1 中"C1"的标注，可以使用 MLEADER 命令（对应功能区【注释/引线/多重引线】按钮）进行多重引线标注。

在进行多重引线标注之前，要按照制图标准对多重引线样式创建和修改。创建和修改多重引线样式的命令是 MLEADERSTYLE（对应功能区【默认/注释/多重引线样式管理器】按钮）。创建好多重引线样式后，即可进行倒角尺寸的标注。具体方法如下：

命令：_mleader

指定引线箭头的位置或 [引线基线优先(L)/内容优先(C)/选项(O)] <选项>：

指定下一点：

指定引线基线的位置：

系统将弹出如图 2.12 所示的【文字编辑器】，在【文字编辑器】输入"C1"后点击【确定】按钮，即可完成标注。

图 2.12　文字编辑器

## 3. 布　局

在完成图形绘制和标注后，就可以进入图纸空间来规划视图的位置和比例，并完成其他的后续工作，如填写标题栏、书写技术要求等。前面的工作都是在【模型】空间进行的。单击【作图窗口】下面的【GB A3 标题栏】标签，转到图纸空间，此前绘制的图形将显示在图纸空间所开的单一视口中。在视口区域双击鼠标左键，转向浮动模型空间。但是，模型空间中的图形在图纸空间视口中的显示比例不符合出图要求，而且图形的位置也不一定合适，为此还要完成下面两项工作：

① 设定视口的比例。

② 图形位置的调整、定位和注释文字的书写。

在【视口】工具栏的右侧窗口【缩放控制比例】下拉列表中选择"2∶1"。设定比例后，可以使用 PAN 命令（对应菜单【视图（V）/平移（P）/实时】菜单项）对视图在图纸中的位置进行调整。在工程图样中，注释文字的书写可以利用 MTEXT 命令（对应功能区【注释/文字/多行文字】按钮A）来完成。

### 4. 填写标题栏

绘制工程图样最后的工作是填写标题栏。标题栏位于图纸空间中，它是一个图块，其中包含有 8 个属性 XXX1～XXX8。8 个属性的含义如图 2.13 所示。填写标题栏就是对这 8 个属性值进行修改，具体方法如下：

单击状态栏中的【模型】工具，转向图纸空间。

命令：_eattedit　　　　　　//对应功能区【插入/块/编辑属性】按钮✎

选择块：

选择了标题栏图块后，系统将弹出【增强属性编辑器】对话框。直接双击标题栏图块，系统也将弹出该对话框。根据具体情况修改各个属性值，如图 2.14 所示。最后单击【确定】按钮即可完成标题栏的填写。

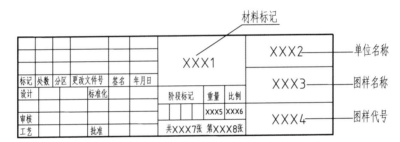

图 2.13　填写标题栏

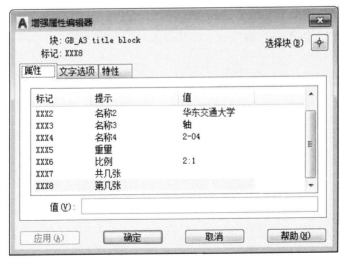

图 2.14　"增强属性编辑器"对话框

# 实例三　绘制阀盖零件图

下面以绘制图 2.15 为例，介绍阀盖零件图的绘制方法。

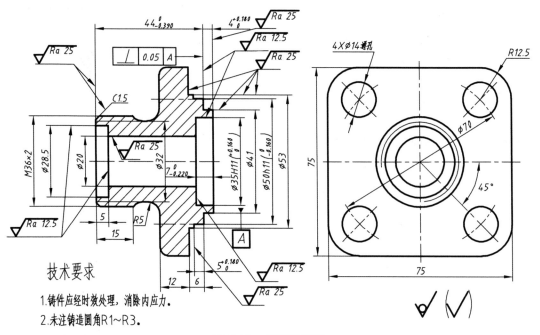

图 2.15　阀盖零件图

阀盖类零件图的绘制一般有以下几个步骤：

## 1. 绘制图形

1）绘制基准线

在屏幕的适当位置绘制对称轴线 A、C 及阀盖的安装端面线 B，如图 2.16 所示。

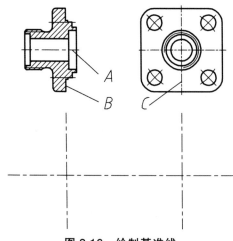

图 2.16　绘制基准线

2）绘制主要轮廓线

绘制主要轮廓线时，可以参照本实验实例二中的方法，圆角、倒角处先用直角代替，如图 2.17 所示。

3）绘制安装圆孔

修剪多余的线段，完成图形的绘制。

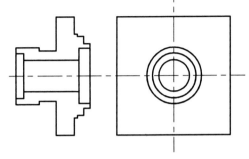

从图 2.18 中可以看出，4 个 $\phi$14 的安装孔是以阀盖中心轴线为环形中心环形阵列排列的，为此只需要绘制一个安装孔及其中心线，然后将它们进行环形阵列复制。在进行环形阵列复制时，要设置【旋转项目（ROT）】选项为【是（Y）】来控制在排列项目时项目绕基点旋转。

图 2.17  主要轮廓线的绘制

4）绘制圆角、倒角以及其他细节，填充剖面图案

绘制完主要轮廓线后，就可以进行其他细节、圆角以及倒角的绘制，最后完成剖面图案的填充工作。结果如图 2.19 所示。

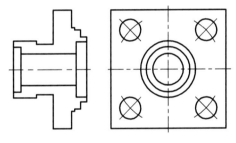

图 2.18  圆孔的绘制

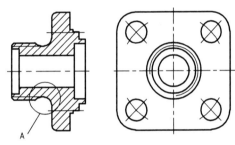

图 2.19  完成的图形

使用 FILLET 命令绘制圆角时，对于图 2.19 中的 R5 圆角，由于圆角半径太大，此命令无法生成圆角。对此可以采用图 2.20 所示的方法来生成 R5 圆角：

① 绘制 A 部位轮廓线，如图 2.20（a）所示。

② 绘制如图 2.20（b）所示的辅助线和半径等于 5 的圆。

③ 移动圆使其准确定位如图 2.20（c）所示。移动圆时"基点"和"第二点"如图 2.20（c）所示。

④ 修剪多余图线，得到如图 2.20（d）所示的最终图形。

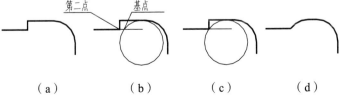

（a）        （b）        （c）        （d）

图 2.20  R5 圆角的绘制

## 2. 标注尺寸

### 1）标注尺寸公差的方法

在工程图样中经常会出现尺寸公差，尺寸公差的标注可采用在标注尺寸时输入特定的多行文字的方法来实现，如图 2.15 中"$\phi35H11(^{+0.016}_{0})$"尺寸公差的标注，可采用如下的方法：

命令：_dimlinear

指定第一个尺寸界线原点或<选择对象>：

指定第二条尺寸界线原点：

指定尺寸线位置或[多行文字(M)/文字(T)/角度(A)/水平(H)/垂直(V)/旋转(R)]：m

指定尺寸线位置或[多行文字(M)/文字(T)/角度(A)/水平(H)/垂直(V)/旋转(R)]：

标注文字 = 35

在系统提示"[多行文字(M)/文字(T)/角度(A)/水平(H)/垂直(V)/旋转(R)]："时，输入选项"m"并按【Enter】键，系统将弹出【文字编辑器】。在字符"35"前面输入字符串"%%C"，在字符"35"后面输入字符串"H11(+0.016^ 0)"；然后选中字符串"+0.016^ 0"，单击【文字格式】工具栏中的【堆叠】按钮 ，则显示结果为"$\phi35H11(^{+0.016}_{0})$"，如图 2.21 所示。

图 2.21 文字编辑器

### 2）标注表面粗糙度和形位公差

表面粗糙度的标注可采用插入创建好的粗糙度图块来完成。

形位公差是工程图样中一种特有的标注，图 2.22 中的形位公差可以采用下面的方法来标注：

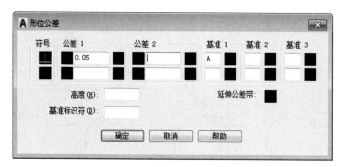

图 2.22 "形位公差"对话框

命令：_tolerance （对应功能区【注释/标注/公差】按钮 ⊕1 ）

执行命令后，系统弹出【形位公差】对话框，设置对话框各选项如图 2.22 所示，单击【确定】按钮，系统提示如下：

输入公差位置：

单击鼠标指定标注公差的位置即可完成形位公差的标注。

特征控制框右侧的引线既可以利用有箭头的多段线，也可以用多重引线绘制。此时要对前面设置的多重引线样式进行修改，将【引线格式】选项卡中【箭头】的【符号(S)】选项设置成【实心闭合】；将【内容】选项卡中【多重引线类型(M)】选项设置成【无】。

# 实例四　绘制托架零件图

下面以绘制图 2.23 为例，介绍托架零件图的绘制方法。

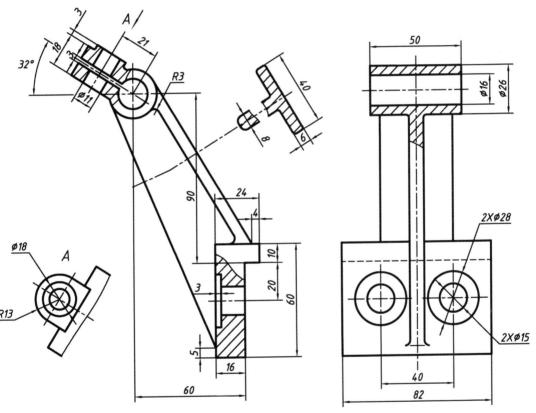

图 2.23　托架零件图

托架类零件图的绘制一般有以下几个步骤：

## 1. 绘制图形

1）绘制基准线

绘制作图基准线 A、B、C、D、E、F 等，结果如图 2.24 所示。

2）绘制圆筒、安装板、连接板和安装孔

参照本实验实例二以及前面实验中介绍的方法，完成圆筒、安装板、连接板以及安装孔的绘制，结果如图 2.25 所示。

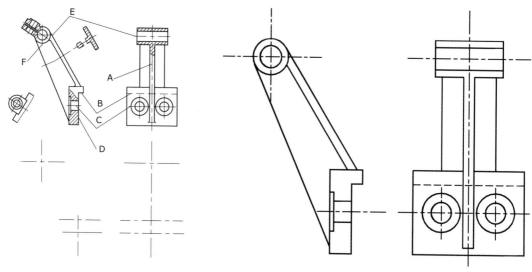

图 2.24　绘制基准线　　　　图 2.25　圆筒、安装板、连接板和安装孔的绘制

3）绘制斜视图

在绘制托架零件上与投影面倾斜的夹持结构的主视图和斜视图时，为了方便作图，可先按水平位置来绘制，如图 2.26 所示。

偏移基准线 E、F 得到绘制图形 A 所需的图线，然后修剪图线得到图形 A。在水平位置绘制斜视图 B。绘制时可以从图形 A 处作投影线来辅助作图，特别是辅助线 C，作投影线时打开正交模式以保证所作辅助线是铅垂线。

把图形 A 部分绕圆筒主视图中心点旋转 – 32° 并修剪圆筒主视图多余的线段。把图形 B 部分绕斜视图同心圆圆心旋转 – 32°，结果如图 2.27 所示。

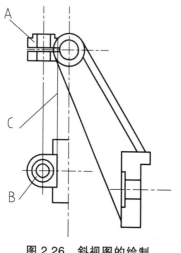

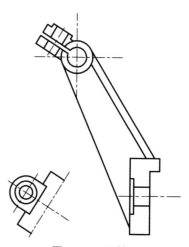

图 2.26　斜视图的绘制　　　　　　图 2.27　旋转图形

34

4）绘制断面图

先在适当位置绘制断面图，再画出剖切位置。在画剖切位置的直线时，由于剖切平面一般应垂直于物体轮廓线或回转面的轴线，为此一定要注意其与轮廓线垂直，可以设定对象捕捉类型为【垂足】，以保证直线与轮廓线垂直，结果如图2.28所示。

用ALIGN命令（对应功能区【默认/修改/对齐】按钮🔳）将断面图与剖切位置对齐，结果如图2.29所示。

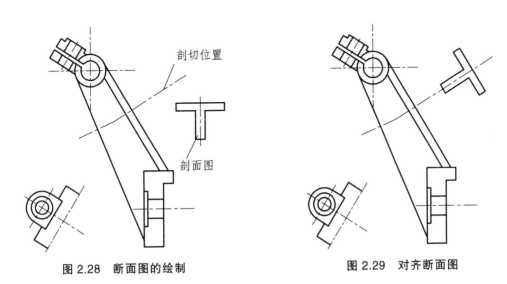

图2.28　断面图的绘制　　　　　　　　图2.29　对齐断面图

5）绘制其他细节部分

修剪多余的线段，然后进行圆角和过渡线的绘制，结果如图2.30所示。

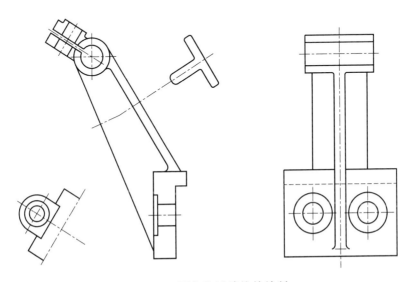

图2.30　圆角和过渡线的绘制

在工程图样中经常会出现过渡线，过渡线的形状各不相同，无法采用AutoCAD中的绘图命令直接绘制得到，这就需要采用不同的方法来绘制。对于图 2.23 中出现的过渡线，可采用下面的方法绘制：

（1）绘制基本图线，如图 2.31（a）所示；

（2）绘制圆角，如图 2.31（b）所示；

（3）删除多余的图线，得到最终图形，如图 2.31（c）所示。

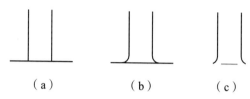

（a）　　　　　（b）　　　　　（c）

**图 2.31　过渡线的画法**

6）绘制波浪线、填充剖面图案、斜视图标注

绘制局部剖、断面图和斜视图的波浪线，并修剪多余的图形。然后分别在各个局部剖和断面图内填充剖面图案，最后进行斜视图的标注。

## 2. 标注尺寸

在标注图 2.23 的尺寸时，倾斜的尺寸需要使用 DIMALIGNED 命令（对应功能区【注释/标注/已对齐】按钮 ）来进行对齐标注，DIMALIGNED 命令可标注与两个尺寸界线起点连线相平行的尺寸线。但是有的倾斜尺寸无法找到合适的两个尺寸界线起点并使标注的尺寸线与要标注的线性要素相平行，这时可以通过画辅助线与图形上的其他图线形成交点而得到满足要求的尺寸界线起点。

# 实例五　由零件图画装配图

图 2.32 为低速滑轮装置的装配图，它由 6 个零件装配组成，各个零件的结构如图 2.33 所示。本例通过实际操作，介绍如何根据零件图绘制装配图。

在画装配图之前，对所画对象要有深刻的了解，弄清其用途、工作原理、零件间的装配关系、连接方式和相对位置等，然后开始画图。画图时可围绕各条装配干线来画。由于零件图已经绘制完毕，因此可以将零件图的视图进行复制（或制作成块）并插入到装配图中，再进行编辑修改即可。最后进行标注、填写明细栏并将文字说明等书写完成。本例参考作图步骤如下：

## 1. 新建装配图文件

使用 NEW 命令打开【选择样板】对话框，在【文件】列表框中选择 "GB-A3 样板图.dwt"，然后单击【打开（O）】按钮。选择【图形窗口】下面的【模型】标签。

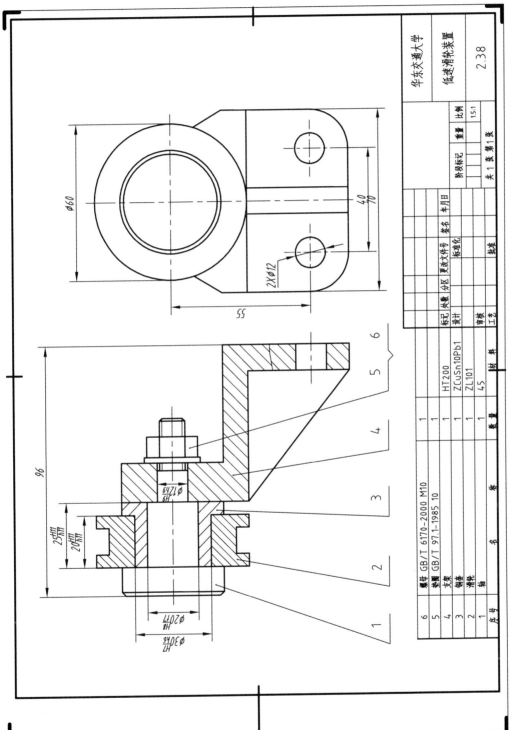

图 2.32 低速滑轮装配图

| 6 | 螺母 GB/T 6170-2000 M10 | 1 | | |
| 5 | 垫圈 GB/T 97.1-1985 10 | 1 | | |
| 4 | 支架 | 1 | HT200 | |
| 3 | 铜套 | 1 | ZCuSn10Pb1 | |
| 2 | 滑轮 | 1 | ZL101 | |
| 1 | 轴 | 1 | 45 | |
| 序号 | 名 称 | 数量 | 材 料 | |

| | 标记 | 处数 | 分区 | 更改文件号 | 签名 | 年月日 | | | 华东交通大学 | |
| 设计 | | | | | 参名 | | | | | 低速滑轮装置 |
| 审核 | 标准化 | | | | | | 阶段标记 | 重量 | 比例 | |
| 工艺 | | | 批准 | | | | | | 1.5:1 | 2.38 |
| | | | | | | | 共 1 张 第 1 张 | | | |

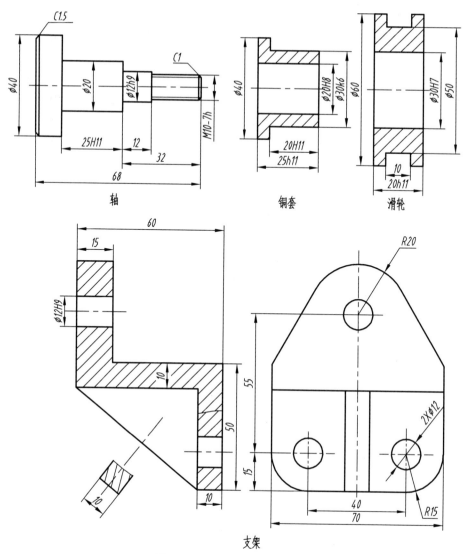

图 2.33　低速滑轮各零件图

## 2. 将支架画到装配图中

打开支架零件图，将含有尺寸标注及文字的图层关闭，仅将支架零件图中的视图所在层打开，使用 COPYCLIP 命令（对应功能区【默认/剪切板/复制剪裁】按钮）菜单将支架零件的主视图及左视图复制到 Windows 的剪贴板中。

单击【窗口(W)】菜单，从其下拉菜单项选择装配图图形文件，使装配图为当前图形文件；使用 PASTECLIP 命令（对应功能区【默认/剪切板/复制剪裁】按钮）将支架零件图粘贴到装配图中，如果需要，可使用 MOVE 命令调整其视图间的相对位置。

由于装配图以表达机器的工作原理及其装配连接关系为主，而不必把每个零件的细部结构都表达清楚，因此可将零件图中表达细部结构的视图删除，在此可将表达支架肋板厚度的移出断面图删除。

38

### 3. 将铜套画到装配图中

打开铜套零件图，将含有尺寸标注及文字的图层关闭，仅将铜套零件图中的视图所在层打开，使用 COPYCLIP 命令将铜套零件的主视图复制到 Windows 的剪贴板中。

单击【窗口(W)】菜单，从其下拉菜单项选择装配图图形文件，使装配图为当前图形文件；使用 PASTECLIP 命令将铜套的主视图粘贴到装配图中的空白位置，如图 2.34 中的位置 1 所示。

使用 MIRROR 命令，画出该铜套主视图的对称图形，如图 2.34 中的位置 2 所示，并将图中位置 1 的铜套视图删除；使用 MOVE 命令（对应功能区【默认/修改移动】按钮✛）将铜套主视图移到支架的左端面，移动时应将铜套的 A 点设置为基准点，并将其移到 B 点，如图 2.34 中的位置 3 所示。

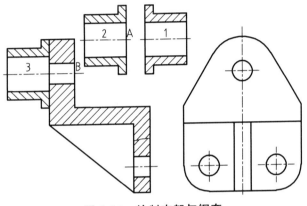

图 2.34　绘制支架与铜套

### 4. 将滑轮、轴画到装配图中

打开滑轮零件图，将含有尺寸标注及文字的图层关闭，仅将滑轮零件图中的视图所在层打开，使用 COPYCLIP 命令将滑轮零件的主视图复制到 Windows 的剪贴板中。

单击【窗口(W)】菜单，从其下拉菜单项选择装配图图形文件，使装配图为当前图形文件；使用 PASTECLIP 命令将滑轮的主视图粘贴到装配图中的空白位置，如图 2.35 中的位置 1 所示。

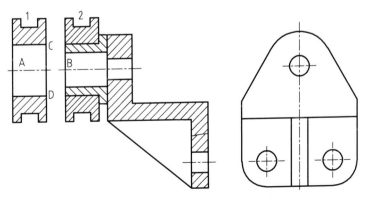

图 2.35　添加滑轮到装配图中

使用 MOVE 命令移动滑轮主视图并使滑轮的左端面与铜套的左端面平齐，移动时应将滑轮的 A 点设置为基准点，并将其移到 B 点；删除多余的线段 CD，结果如图 2.35 中的位置 2 所示。同理可将轴画到装配图中。

在装配图中不同零件的剖面线方向应相反或剖面线的间隔不相等。由于铜套已做镜像处理，其剖面线方向与支架剖面线方向正好相反，故不必再进行处理。但滑轮的剖面线与支架的剖面线方向及间隔相同，为此需修改滑轮在装配图中的剖面线密度。用鼠标左键双击剖面线，打开【图案填充】选项卡，修改【比例】选项框中的数值即可。

### 5. 将垫片及螺母画到装配图中

按标准件装配简化画法，将垫片及螺母画到装配图中。

### 6. 修改装配图中的左视图，并标注尺寸、零件序号等

按投影关系修改装配图中的左视图，并标注尺寸、零件序号等，结果如图 2.36 所示。

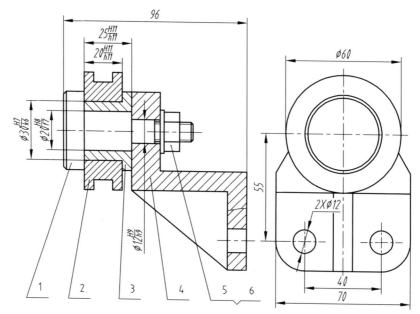

图 2.36　低速滑轮装配草图

装配图中配合尺寸标注的方法如下：

命令：_dimlinear
指定第一个尺寸界线原点或<选择对象>：
指定第二条尺寸界线原点：
指定尺寸线位置或[多行文字(M)/文字(T)/角度(A)/水平(H)/垂直(V)/旋转(R)]：m
指定尺寸线位置或[多行文字(M)/文字(T)/角度(A)/水平(H)/垂直(V)/旋转(R)]：
标注文字 = 20

在系统提示"[多行文字(M)/文字(T)/角度(A)/水平(H)/垂直(V)/旋转(R)]："时，输入选项"m"并按【Enter】键，系统将弹出【文字编辑器】，并在其下面的【文字输入窗口】显示当前测量值"20"。在字符串"20"前面输入字符串"%%C"，在字符串"20"后面输入字符串

40

"H11/h11"；然后选中字符串"H11/h11"，单击【文字格式】工具栏中的【堆叠】按钮 ，则显示结果为"$\phi 20^{H11}_{h11}$"，如图 2.37 所示。单击【确定】按钮，关闭【文字编辑器】，完成后面的命令操作即可标注出其配合尺寸。

图 2.37　文字编辑器

### 7. 设置作图比例，填写标题栏和明细栏

单击【作图窗口】下面的【GB A3 标题栏】标签，转到图纸空间，利用【视口】工具栏设置比例，并填写标题栏和明细栏等。

# 实例六　由装配图拆画零件图

设计时首先画出部件的装配图，再根据装配图拆画零件图，所以由装配图拆画零件图是设计工作中的一个重要环节。拆画零件图应在读懂装配图的基础上进行。图 2.38 为镜头架的

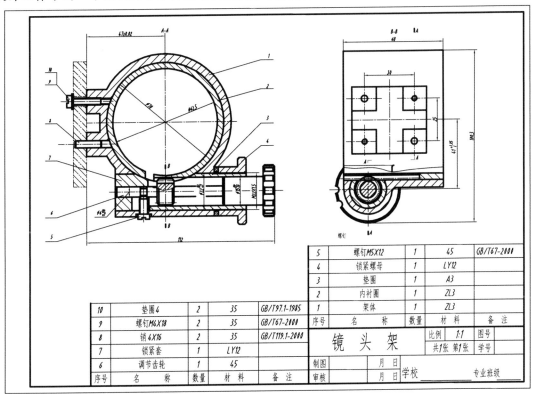

图 2.38　镜头架装配图

装配图，镜头架由 10 种零件装配组成，本例通过拆画镜头架部件中的 1 号零件架体的零件图，来介绍如何根据装配图拆画零件图。由装配图拆画零件图首先要分离零件，确定零件的结构形状并确定零件图的表达方案；然后确定并标注零件的尺寸；最后确定零件的技术要求并填写标题栏。

由镜头架装配图拆画架体零件图的步骤如下：

### 1.分离零件，确定零件的结构形状并完成零件图图形的绘制

（1）读懂镜头架装配图，分析架体零件在部件中的作用和结构特点，将其从装配图中分离出来，确定架体的投影轮廓。仅保留装配图中属于架体零件的图线，删除其余所有内容。得到的图形如图 2.39 所示。

（2）根据架体零件的结构特点及其部件中的作用，选取适当的表达方法，确定好零件图的表达方案。

（3）修改图形，完成零件图上绘制细小结构。

图 2.39 是从装配图中分离出来的，有些结构的表达错误，需要对图形进行必要的修改。比如形体左侧安装部位的螺钉孔和销孔、底部的阶梯孔等处。按照结构特点完成这些结构细节的绘制。

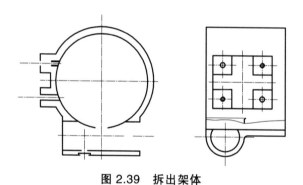

**图 2.39　拆出架体**

底部的阶梯孔处的绘制如下所示。根据工程制图的国家标准，零件图中出现的相贯线可以采用简化画法。所以，对底部的阶梯孔处的图形绘制可采用如图 2.40 所示的方法绘制：

① 在图 2.40（a）中，螺纹的大径和小径及相贯线都没有绘制；

② 绘制螺纹的大径和小径、修剪掉多余的线段，得到图 2.40（b）；

③ 采用 ARC 命令（对应功能区【默认/绘制/圆弧】按钮 ）绘制圆弧，得到图 2.40（c）。

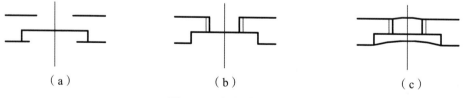

| （a） | （b） | （c） |

**图 2.40　相贯线的画法**

（4）绘制圆角，填充剖面图案以及剖视标注。

零件上的一些工艺结构，如倒角、退刀槽、圆角等，在装配图上往往省略不画，在绘制零件图时均应表达清楚。

在完成上述图形修改后，修剪多余的线段，并进行圆角的绘制和剖面图案的填充以及剖切符号的绘制和字母的标注。结果如图 2.41 所示。

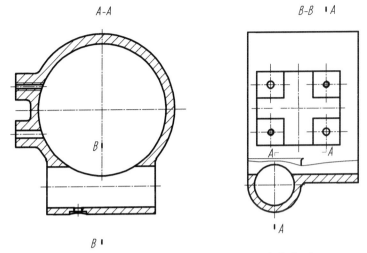

图 2.41　绘制圆角，填充剖面图案以及剖视标注

## 2. 标注尺寸、零件的表面粗糙度和尺寸公差等技术要求

（1）架体零件图中的尺寸，除在装配图中已注出者外，其余尺寸都应该取整标注。有关标准尺寸，如螺纹、倒角、圆角、销孔等，应查标准，按规定标注。

（2）根据零件在部件中的作用、与其他零件的装配关系、工艺结构等要求，标注出架体零件的表面粗糙度和尺寸公差等技术要求。完成的图形如图 2.42 所示。

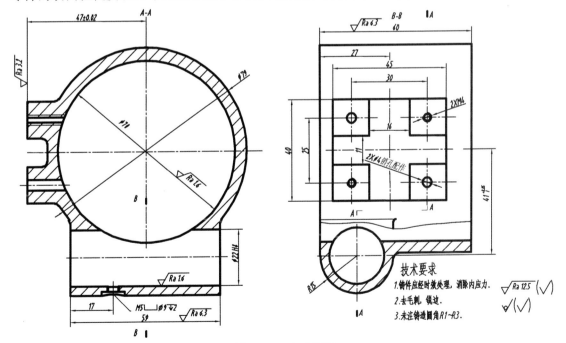

图 2.42　完成图形

# ● 上机作业 ●

1. 绘制题图 2.1 ~ 题图 2.10 所示的零件图。

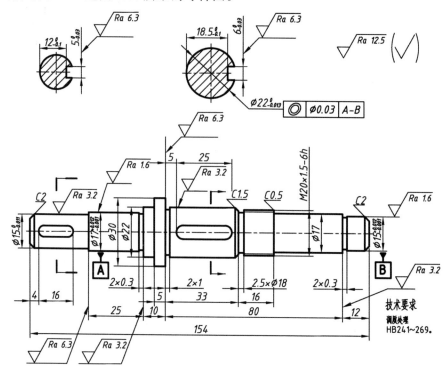

题图 2.1　蜗轮轴零件图

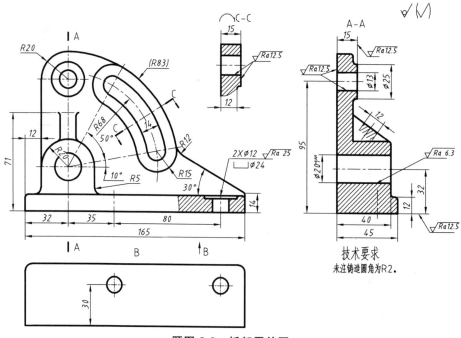

题图 2.2　托架零件图

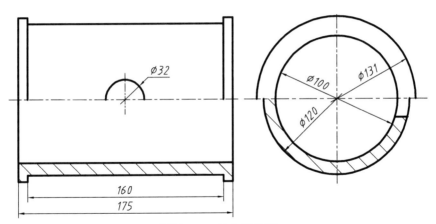

题图 2.3　衬套零件图

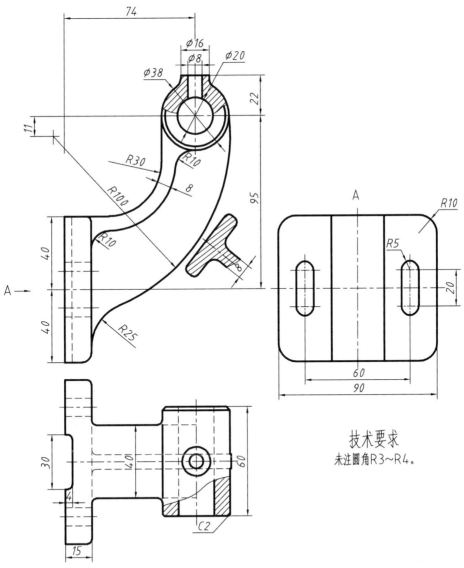

技术要求
未注圆角R3~R4。

题图 2.4　踏脚座零件图

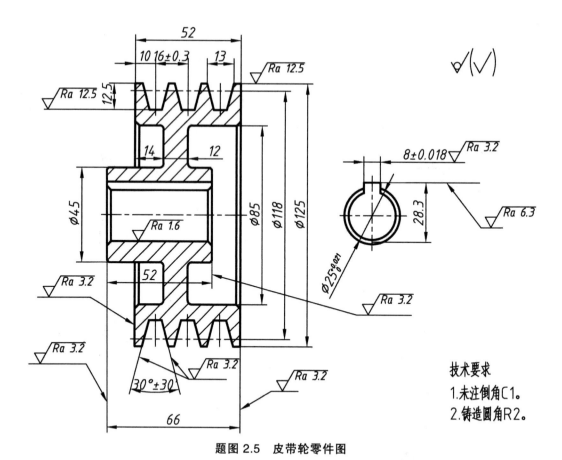

技术要求
1.未注倒角C1。
2.铸造圆角R2。

题图 2.5  皮带轮零件图

题图 2.6  踏板零件图

未注圆角半径R2

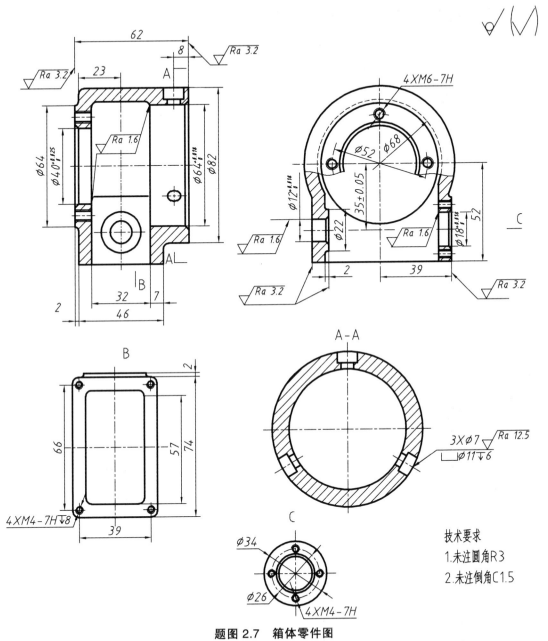

题图 2.7　箱体零件图

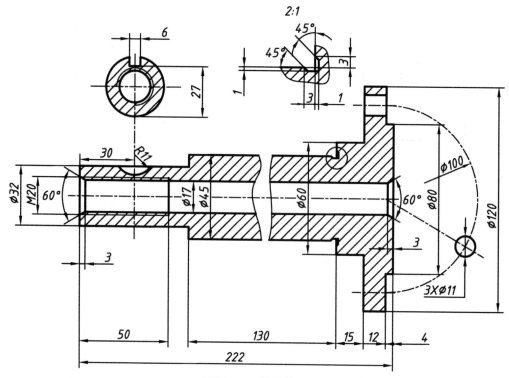

题图 2.8　轴零件图

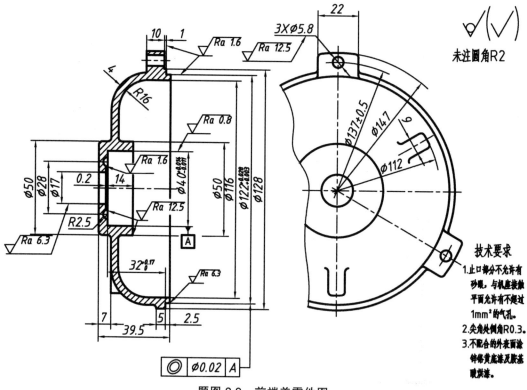

题图 2.9　前端盖零件图

48

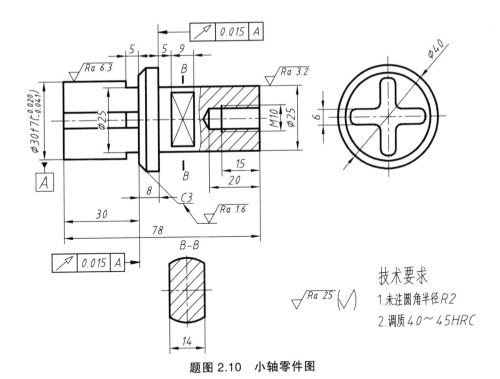

题图 2.10　小轴零件图

2. 由所给的题图 2.3、题图 2.11 和题图 2.12，绘制滑动轴承装配图，如题图 2.13 所示（螺钉和螺母自己绘制）。

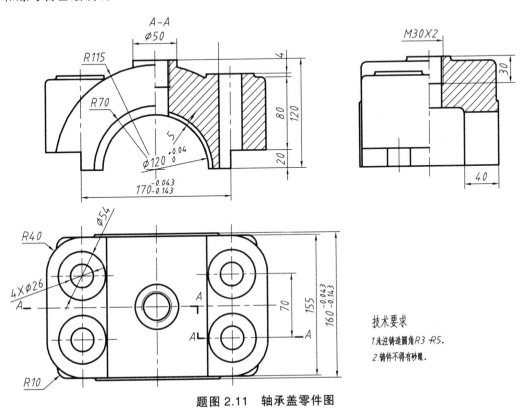

题图 2.11　轴承盖零件图

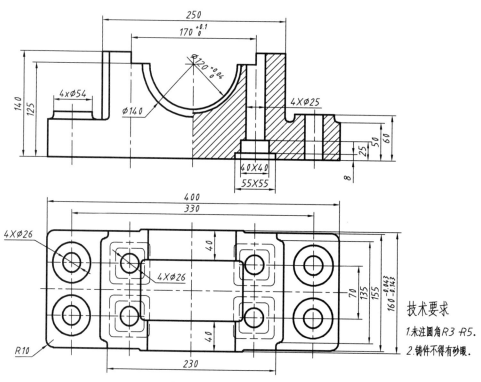

技术要求
1.未注圆角R3-R5.
2.铸件不得有砂眼.

题图 2.12　轴承座零件图

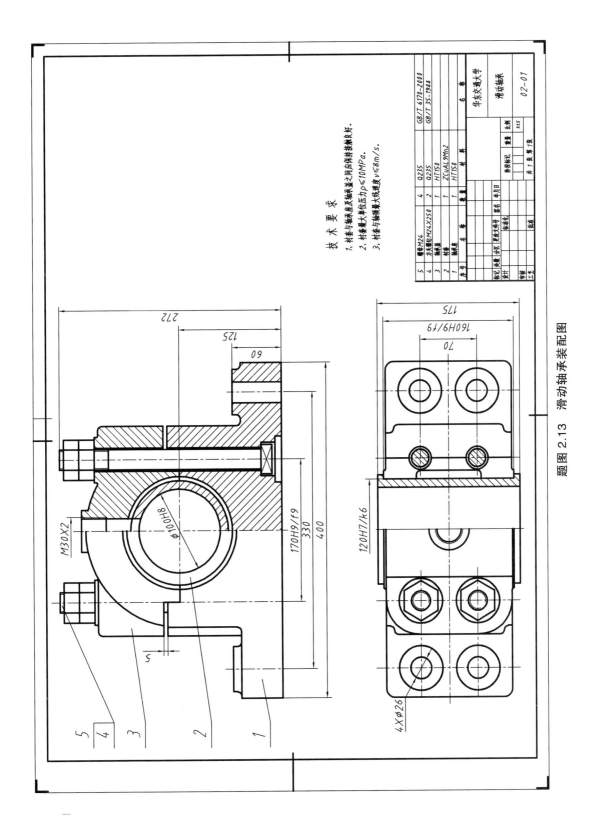

技术要求

1. 衬套与轴座及轴盖之间应保持接触良好.
2. 衬套最大单位压力p≤10MPa.
3. 衬套与轴颈最大线速度v≤8m/s.

| 5 | 螺母M24 | 4 | Q235 | GB/T 6170-2000 |
| 4 | 方头螺钉M24X250 | 2 | Q235 | GB/T 35-1988 |
| 3 | 轴座 | 1 | HT150 | |
| 2 | 衬套 | 1 | ZCuAl9Mn2 | |
| 1 | 轴盖 | 1 | HT150 | |
| 序号 | 名 称 | 数量 | 材 料 | 备 注 |

| | | | | | 华东交通大学 | |
| --- | --- | --- | --- | --- | --- | --- |
| | | | | | 滑动轴承 | |
| 标记 | 处数 | 分区 | 更改文件号 | 签名 | 年月日 | |
| 设计 | | | 标准化 | | | 阶段标记 | 重量 | 比例 |
| | | | | | | | | h15 |
| 审核 | | | | | | | |
| 工艺 | | | 批准 | | | 共 1 张 第 1 张 | 02-01 |

题图 2.13 滑动轴承装配图

51

# 实验三 房屋施工图的绘制

实验目的与要求：

① 掌握 AutoCAD 作图环境的设置、绘图、编辑和尺寸标注命令的使用方法；

② 掌握房屋施工图的图示方法、图示内容和绘制房屋施工图的方法与技巧；

③ 掌握建筑构件的作图方法和技巧，以及各种建筑图块的创建与插入方法；

④ 熟悉建筑设计规范及制图标准，掌握房屋施工图尺寸样式的设置与标注。

## 房屋施工图概述和绘制方法

房屋施工图是直接用来为施工服务的图样，主要表示建筑物的总体布置、外部造型、内部布置、细部构造、内外装饰以及一些固定设施和施工要求。房屋施工图主要包括建筑施工图、结构施工图和设备施工图。

建筑施工图主要表示拟建房屋的内外形状和大小，以及各部分的结构、构造、内外装饰、固定设施和施工要求等内容。其基本图样包括建筑总平面图、建筑平面图、建筑立面图、建筑剖面图和各种建筑详图。

结构施工图主要表示房屋的各种承重构件，如梁、板、柱、基础、墙等的布置、形状、大小、材料及构造等内容，以及反映建筑、给水排水、采暖通风、电气照明等专业对结构设计的要求。其基本图样主要包括结构平面布置图（如基础平面布置图、楼层结构平面布置图等）和构件详图（如梁、板、柱、基础结构详图、楼梯结构详图以及其他结构详图）。

设备施工图主要表示建筑物室内各种设施的布置及安装，按专业分有建筑给水排水、建筑采暖通风和建筑电气照明等施工图。

使用 AutoCAD 绘制房屋施工图的作图步骤，与手工绘制的步骤大体相同。为了充分利用计算机快速、高效、准确、便于检查与修改等特点，运用 AutoCAD 软件绘制房屋施工图时，应注意以下几点：

### 1. 作图环境

在 AutoCAD 中绘制图样时，应规划图形的绘图环境，也就是设置绘图单位、文字样式、图形界限，合理规划图层以及线型和线型比例等。房屋施工图一般都由定位轴线、各类建筑构件的布置图、尺寸标注和文字注释等几种元素组成。为方便检查与修改，必须对各类元素规划其图层，并设置图层的颜色、线型等。为了方便作图，运用 AutoCAD 绘制房屋施工图时，通常以毫米（mm）为单位，而绘图比例通常在打印输出时进行设置。因此，在绘制与绘图比例无关的图形符号（如定位轴线编号、标高、详图索引符号等）、注释文字等元素时，应按图形输出比例的倒数放大绘制。为了方便观察图形，图形界限的大小应与所绘图样的范围大小相当。由于图形界限的改变会影响各类线型的显示效果，因此需要通过设置线型比例来调整各类线型的显示效果，通常按图形界限放大或缩小的倍数进行设置。

## 2. 精确作图

如需提高 AutoCAD 的绘图效率，则应充分利用各种精确定位工具，如定位端点、中点、圆心和交点等透明命令，以及追踪捕捉功能，这样可以很容易实现精确作图，提高绘图质量，同时也可以提高尺寸标注的效率。

## 3. 绘图效率

运用 AutoCAD 的软件绘制施工图时，应注意施工图样的特点，合理使用各类命令，提高生成施工图样的效率。如绘制建筑平面图时，可先绘制标准层平面图，而其他楼层的平面图则利用 COPY 命令复制后作简单修改即可；同类建筑构件可利用 BLOCK 图块功能进行插入绘制；规则排列的图形，可利用 ARRAY 命令阵列复制生成。在下列实例中还将涉及其他高效的绘图方法。

# 实例一　建筑平面图的绘制

建筑平面图是用一个假想水平剖切面，在窗台上方略高一点处对建筑物所作的水平剖面图，简称平面图。用 AutoCAD 软件绘制建筑平面图的作图步骤与手工绘图步骤大体相同，绘制前应仔细阅读，了解平面图的平面形状及大小、墙体厚度、房间的平面布置等特点。

对楼房而言，原则上每一层均应绘制其平面图，若楼房的某些楼层房间布局相同，可绘制其中一层，该层称为标准层平面图。如有标准层平面图，则可先绘制标准层平面图，其他楼层平面图在标准层平面图复制后作局部修改即可；如果建筑平面图对称，则可利用其对称性，先画出其中一半，然后利用 MIRROR 命令镜像生成另一半。

建筑平面图中的图线应粗细有别，层次分明。规定被剖切到的墙体、柱等建筑构件的断面轮廓线采用粗实线（$b$）绘制，而门、窗台及较大建筑构件的轮廓线采用中实线（$0.5b$）绘制，其余可见的较小构件轮廓线、尺寸、标高符号等均采用细实线（$0.25b$）绘制，定位轴线采用细单点长画线绘制。其中 $b$ 值的大小应依据图样复杂程度和绘图比例，按《房屋建筑制图统一标准》（GB/T 50001—2010）中的规定选择适当的线宽组。

由于建筑物体形较大，建筑平面图通常采用 1：100 的比例输出图形。运用 AutoCAD 软件绘制图形时，平面图形部分应采用 1：1 的比例绘制；与绘图比例无关的图形符号，例如标高、定位轴线符号、详图索引符号、尺寸标注和文字说明等则应按图形输出比例的倒数放大绘制。

下面以绘制如图 3.1 所示的建筑平面图为例，叙述其作图方法及作图步骤。

## 1. 设置作图环境

用户要在 AutoCAD 中绘制图形，应首先设置绘图环境，如单位、绘图区域、文字样式，图形元素的图层、线型与线型比例等。

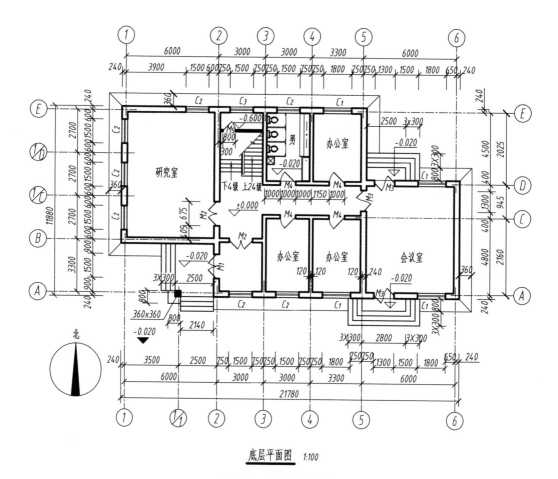

**底层平面图** *1:100*

**图 3.1 建筑平面图**

1）设置绘图单位

选择下拉式菜单【格式(O) /单位(U)...】选项，调出【图形单位】对话框，设置【长度类型】为"小数"；【精度】下拉列表中选择"0"；点击【确定】按钮，完成本次单位设置。

2）设置图形界限

图形界限的大小需依据所绘施工图样的大小而定，一般可依据建筑平面图的外包尺寸，略微放大一些即可。

选择下拉式菜单【格式(O) /图形界限(L)】选项。本次图形界限设置为 25000 × 16000。然后执行下拉式菜单【视图(V)/缩放(Z)/全部(A)】选项，将所设定的图形界限居中并充满屏幕。应当注意的是，设置完图形界限后，必须执行全部缩放命令，才能使所设定的图形界限映射到整个显示屏内。

命令：_limits

指定左下角点或 [开(ON)/关(OFF)] <0，0>：　　　　　 //按【Enter】键

指定右上角点 <420，297>：**25000，16000**

命令：_zoom

指定窗口的角点，输入比例因子 (nX 或 nXP)，或者 [全部(A)/中心(C)/动态(D)/范围(E)/

54

上一个(P)/比例(S)/窗口(W)/对象(O)] <实时>：_all　　　//选择全部缩放

3）规划图层

图层是用户管理图形最为有效的工具之一，通过将不同特性的图形对象（如定位轴线、墙身、门窗、楼梯和尺寸标注等）放置在不同的图层上，并赋予不同的线型和线宽，这样可以方便地通过控制图层的特性来编辑和显示图形对象。

选择功能区选项卡【默认/图层/图层特性】按钮，调出【图层特性管理器】对话框，点击【新建图层】按钮，创建一个新的图层，给图层赋予新的名称、颜色、线型和线宽等。

建议图层名采用赋意方式，这样便于记忆。在本例工程绘图中，规划的图层如图 3.2 所示。

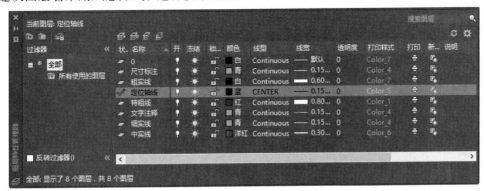

图 3.2　建筑平面图图层设置

4）设置线型比例

由于图形界限从缺省的 $420 \times 297$ 扩大到 $25\,000 \times 16\,000$，线型比例也应放大相应的倍数（长度或宽度方向），其缺省值为 1。本例线型比例设置为 20。

选择功能选项卡【默认/特性/线型下拉列表/其他...】选项，或选择下拉式菜单【格式(O)/线型...】选项，系统将弹出【线型管理器】对话框，如图 3.3 所示。单击【显示细节(D)】按钮，在【全局比例因子(G)】编辑栏内输入 20（即放大 20 倍），去除【缩放时使用图纸空间单位(U)】复选框。

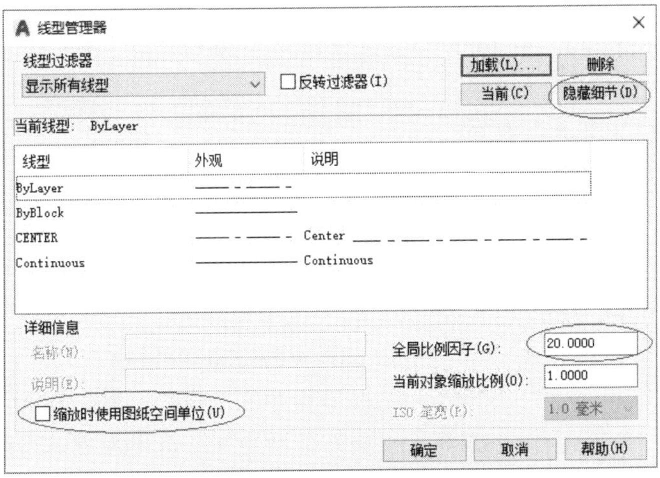

图 3.3　设置线型比例

5）设置文字样式

施工图样中将涉及尺寸数字、字母、汉字等字体。用户需创建两种文字样式，即汉字样式和数字/字母样式。

选择功能区选项卡【默认/注释/文字样式】按钮 ，在弹出的【文字样式】对话框中点击【新建】按钮，创建"数字字母"样式。在【字体/SHX 字体(X)】下拉列表中选择"gbeitc.shx"，并勾选【使用大字体】复选框；在【字体/大字体(B)】下拉列表中选择"gbcbig.shx"。在【效果/宽度因子(W)】编辑框内输入 0.7；在【倾斜角度(O)】编辑框内输入 0；其他按缺省值设置。点击【应用】按钮，如图 3.4 所示。

点击【新建】按钮，创建"汉字"样式。在【字体/字体名(F)】下拉列表中选择"仿宋"，在【效果/宽度因子(W)】编辑框内输入 0.7，在【倾斜角度(O)】编辑框内输入 0，其他按缺省值设置。点击【应用】按钮，如图 3.5 所示。

应注意的是，字体高度必须设为"0"，若设置为非 0 数值，系统将只能书写所设高度的字体，无法书写其他高度的字体。

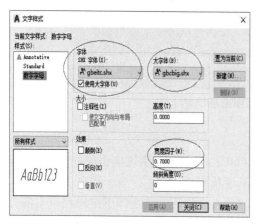 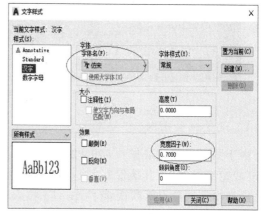

图 3.4 【文字样式：数字字母】设置　　　　图 3.5 【文字样式：汉字】设置

## 2. 绘制定位轴线网

定位轴线是绘制墙体、门窗等建筑构件的参考辅助线，所以在绘制建筑墙体之前，首先应绘制建筑墙体的定位轴线网。

1）绘制 A 号和 1 号定位轴线

置"定位轴线"层为当前层。选择功能区【默认/图层/图层下拉列表】中，选择 "定位轴线"图层。

打开状态栏上的【极轴】、【对象捕捉】和【对象追踪】功能，首先用直线命令绘制 A 号、1 号定位轴线，如图 3.6 所示。

| | |
|---|---|
| 命令：_line | //绘制 A 号定位轴线 A6 |
| 指定第一点： | //在屏幕左下角附近拾取一点 A |
| 指定下一点或 [放弃(U)]：**21300** | //向右拖动光标，待出现横向追踪线后输入 21300 |
| 命令：_line | //绘制 1 号定位轴线 AE |

指定第一点：     //捕捉端点 A

指定下一点或 [放弃(U)]：**11400**  //向上拖动光标，待出现竖向追踪线后输入 11400

执行结果如图 3.6 所示。

图 3.6 绘制 A 号轴线和 1 号轴线

2）绘制定位轴线网

依据建筑平面图中各房间的布置以及开间和进深尺寸，利用极轴追踪功能用 LINE 命令绘制其他定位轴线。

命令：_line      //绘制 2 号轴线

指定第一点：     //捕捉端点 A

指定下一点或 [放弃(U)]：**6000**  //向右拖动光标，待出现横向追踪线后输入 6000

指定下一点或 [放弃(U)]：  //向上拖动光标，并用光标锁定点 E 后向右水平
            移动待出现十字相交追踪线时，拾取此点

命令：_line      //绘制 3 号轴线

指定第一点：     //捕捉 2 号轴线端点

指定下一点或 [放弃(U)]：**3000**  //向右拖动光标，待出现横向追踪线后输入 3000

指定下一点或 [放弃(U)]：  //向上拖动光标，并用光标锁定点 B 后向右水平
            移动待出现十字相交追踪线时，拾取此点

……

用同样方式依次绘制 4 号、5 号、6 号轴线

命令：_line      //绘制 B 轴线

指定第一点：     //捕捉端点 A

指定下一点或 [放弃(U)]：**3300**  //向上拖动光标，待出现竖向追踪线后输入 3300

指定下一点或 [放弃(U)]：  //向右拖动光标，待出现横向追踪线与 3 号轴线相
            交，拾取此交点

命令：_line      //绘制 C 轴线

指定第一点：     //捕捉 3 号轴线端点

指定下一点或 [放弃(U)]：**4800**  //向上拖动光标，待出现竖向追踪线后输入 4800

指定下一点或 [放弃(U)]：  //向右拖动光标，待出现横向追踪线与 5 号轴线相
            交，拾取此交点

命令：_line      //绘制 D 轴线

| 指定第一点： | //捕捉 6 号轴线端点 |
|---|---|
| 指定下一点或 [放弃(U)]：**6900** | //向上拖动光标，待出现竖向追踪线后输入 6900 |
| 指定下一点或 [放弃(U)]： | //向左拖动光标，待出现横向追踪线与 3 号轴线相交，拾取此交点 |
| 命令：_line | //绘制 E 轴线 |
| 指定第一点： | //捕捉端点 E |
| 指定下一点或 [放弃(U)]： | //向右拖动光标，待出现横向追踪线与 5 号轴线相交拾取此交点 |

建筑平面图轴线网如图 3.7 所示。

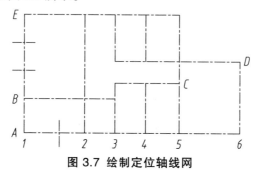

图 3.7 绘制定位轴线网

## 3. 绘制墙体

绘制墙体有两种方法：一种是用 OFFSET 命令将定位轴线偏移生成，此种方法效率不高，较为烦琐；另一种方法是用 MLINE 多线命令绘制。使用 MLINE 命令绘制时，应首先设置多线样式，然后用 MLINE 命令绘制墙体。本次绘图中采用多线命令绘制墙体。

1）设置多线样式

选择下拉式菜单【格式(O) /多线样式(M)...】，调出"多线样式"对话框，如图 3.8 所示。点击【新建(N)...】按钮，调出"创建新的多线样式"对话框，在【新样式名】栏内输入"360墙体"，点击【继续】按钮，系统将调出"新建多线样式：360 墙体"对话框，如图 3.9 所示。设置【上偏移】为 240，【下偏移】为 – 120，其他选项设为默认值，点击【确定】按钮，系统返回到"多线样式"对话框。用户若需要创建其他多线样式（如 240 墙体、120墙体），可通过上述方法进行创建。若用户需要使用 360 墙多线样式，可在列表框选中"360墙体"，点击【置为当前(U)】按钮。然后点击【确定】按钮，即可调用 MLINE 命令绘制360 墙的墙体线。

2）绘制墙体

置"墙体"层为当前层。选择功能区【默认/图层/图层下拉列表】中，选择 "粗实线"层。在状态栏上打开【对象捕捉】功能，用精确定位工具捕捉定位轴线上的端点或交点。使用 MLINE 命令绘制墙体时，所产生的墙体角点可用 MLEDIT 命令进行编辑，绘制墙体线如图 3.10 所示。

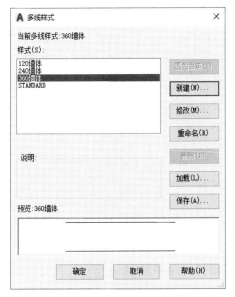

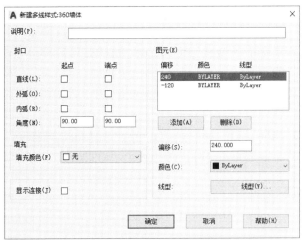

图 3.8 【多线样式】对话框          图 3.9 【新建多线样式：360 墙】对话框

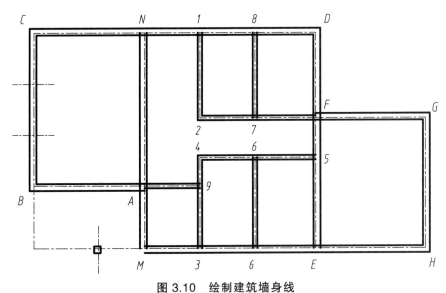

图 3.10  绘制建筑墙身线

选择下拉式菜单【格式(O) /多线样式(M)...】，选择"360 墙体"置为当前多线样式，使用多线(MLINE)命令绘制建筑外墙墙体线。

命令：**_mline**                    //选择下拉式菜单【绘图(D) /多线(U)】
当前设置：对正 = 上，比例 = 20.00，样式 = 360 墙体
指定起点或 [对正(J)/比例(S)/样式(ST)]：**S**    //设置多线比例
输入多线比例 <20.00>：**1**
当前设置：对正 = 上，比例 = 1.00，样式 = 360 墙体
指定起点或 [对正(J)/比例(S)/样式(ST)]：**J**    //设置对正类型
输入对正类型 [上(T)/无(Z)/下(B)] <上>：**Z**    //选择"无"

当前设置：对正 = 无，比例 = 1.00，样式 = 360 墙体

指定起点或 [对正(J)/比例(S)/样式(ST)]： //捕捉定位轴线交点 A，如图 3.10 所示

指定下一点： //捕捉定位轴线另一端点 B

指定下一点或 [放弃(U)]： //捕捉定位轴线端点 C

指定下一点或 [闭合(C)/放弃(U)]： //捕捉定位轴线端点 D

指定下一点或 [闭合(C)/放弃(U)]： //捕捉定位轴线端点 E

指定下一点或 [闭合(C)/放弃(U)]： //按【Enter】键，结束命令

命令：_mline //选择下拉式菜单【绘图(D)/多线(U)】

当前设置：对正 = 无，比例 = 1.00，样式 = 360 墙体

指定起点或 [对正(J)/比例(S)/样式(ST)]： //捕捉定位轴线端点 F，如图 3.10 所示

指定下一点： //捕捉定位轴线端点 G

指定下一点或 [闭合(C)/放弃(U)]： //捕捉定位轴线端点 H

指定下一点或 [闭合(C)/放弃(U)]： //捕捉定位轴线端点 M

指定下一点或 [闭合(C)/放弃(U)]： //按【Enter】键，结束命令

命令：_mline //选择下拉式菜单【绘图(D)/多线(U)】

当前设置：对正 = 无，比例 = 1.00，样式 = 360 墙体

指定起点或 [对正(J)/比例(S)/样式(ST)]： //捕捉定位轴线端点 M，如图 3.10 所示

指定下一点： //捕捉定位轴线端点 N

指定下一点或 [闭合(C)/放弃(U)]： //按【Enter】键，结束命令

选择下拉式菜单【格式(O) /多线样式(M)…】，选择"240 墙体"置为当前多线样式，使用多线(MLINE)命令绘制建筑内墙墙身线。

命令：_mline //选择下拉式菜单【绘图(D)/多线(U)】

当前设置：对正 = 无，比例 = 1.00，样式 = 240 墙体

指定起点或 [对正(J)/比例(S)/样式(ST)]： //捕捉 1 点，如图 3.10 所示

指定下一点： //捕捉 2 点

指定下一点或 [闭合(C)/放弃(U)]： //捕捉 F 点

指定下一点或 [闭合(C)/放弃(U)]： //按【Enter】键，结束命令

命令：_mline //选择下拉式菜单【绘图(D)/多线(U)】

当前设置：对正 = 无，比例 = 1.00，样式 = 240 墙体

指定起点或 [对正(J)/比例(S)/样式(ST)]： //捕捉 3 点，如图 3.10 所示

指定下一点： //捕捉 4 点

指定下一点或 [闭合(C)/放弃(U)]： //捕捉 5 点

指定下一点或 [闭合(C)/放弃(U)]： //按【Enter】键，结束命令

……

建筑墙身线绘制结果如图 3.10 所示。

3）编辑墙体角点

用多线(MLINE)命令将所有墙体线绘制完成后，用户可选择多线编辑工具（MLEDIT）对墙体线交接处的连接方式进行各种编辑处理。多线编辑工具调用方法及使用如下：

选择下拉式菜单【修改(M) /对象(O) /多线(M)...】，调出如图 3.11 所示的【多线编辑工具】对话框，对墙体线在交接处的连接方式进行各种编辑处理。

命令：_mledit          //选择【多线编辑工具】中的"T 形合并"方式

选择第一条多线：       //先选择多线 c，如图 3.12 所示

选择第二条多线：       //后选择多线 b

命令：_mledit          //选择【多线编辑工具】中的"角点结合"方式

选择第一条多线：       //选择多线 a，如图 3.12 所示

选择第二条多线：       //选择多线 b

......

对平面图中墙体上各个角点编辑完后，结果如图 3.13 所示。

图 3.11 【多线编辑工具】对话框

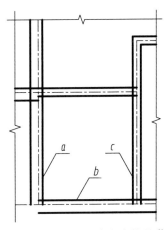

图 3.12 编辑墙身交接处节点

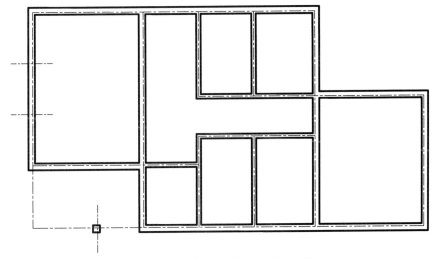

图 3.13 完成墙体交接处节点编辑

61

4）分解多线

由于多线绘制的图形对象不能被其他命令编辑处理，为方便后续编辑，应将多线墙体分解为 LINE 线。选择功能区【默认/修改/分解】按钮![icon]，将多线墙体分解为 LINE 线。

## 4. 绘制门窗

门窗的绘制可依据内外墙体上门、窗口的细部尺寸，首先在墙体上开设门窗洞口，然后创建门窗图例符号，并将门窗图例插入到墙体上门窗洞口处。

1）在墙体上开设门窗洞口

可利用极轴追踪功能，以及对象夹点操作、EXTEND、TRIM 等命令来实现开门窗洞口操作，现以 A 轴线墙上的窗洞口为例，窗宽 1 500，窗边距②、③定位轴线间距均为 750。平面图中的其他门窗洞口的做法与此相同。

置"粗实线"层为当前层。选择功能区【默认/图层/图层下拉列表】中，选择 "粗实线"层。

命令:_line      //选择功能区【默认/绘图/直线】按钮![icon]

指定第一点:      //将光标锁定 A 点，如图 3.14 所示。并向右移动光标，待横向追踪线出现时，输入 750，按【Enter】键

指定下一点或 [放弃(U)]:  //向上移动光标，待竖向追踪线与墙身线出现交点时，拾取此点即可绘出窗口左边框线 a

指定下一点或 [放弃(U)]:  //按【Enter】键

命令:_line

指定第一点:      //将光标锁定 B 点，如图 3.14 所示。并向左移动光标，待横向追踪线出现时输入 750，按【Enter】键

指定下一点或 [放弃(U)]:  //向上移动光标，待竖向追踪线与墙身线出现交点时，拾取此点即可绘出窗口右边框线 b

指定下一点或 [放弃(U)]:  //按【Enter】键

命令:_trim      //选择功能区【默认/修改/修剪】按钮![icon]

当前设置: 投影=UCS，边=无

选择剪切边…

选择对象:      //选择窗口图线 a，如图 3.14 所示

选择对象:      //选择窗口图线 b，如图 3.14 所示

选择对象:      //按【Enter】键，结束剪切边选择

选择要修剪的对象，或按住"Shift"键选择要延伸的对象，或[栏选(F)/窗交(C)/投影(P)/边(E)/删除(R)/放弃(U)]:    //选择墙身线 c

选择要修剪的对象，或按住"Shift"键选择要延伸的对象，或[栏选(F)/窗交(C)/投影(P)/边(E)/删除(R)/放弃(U)]:    //选择墙身线 d

选择要修剪的对象，或按住"Shift"键选择要延伸的对象，或[栏选(F)/窗交(C)/投影(P)/边(E)/删除(R)/放弃(U)]:    //选择轴线 e

作图结果如图 3.15 所示。用上述方法将建筑平面图中的全部门、窗洞口修剪完成后如图 3.16 所示。

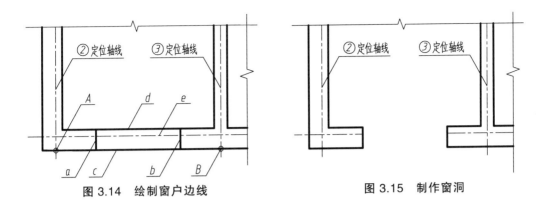

图 3.14 绘制窗户边线

图 3.15 制作窗洞

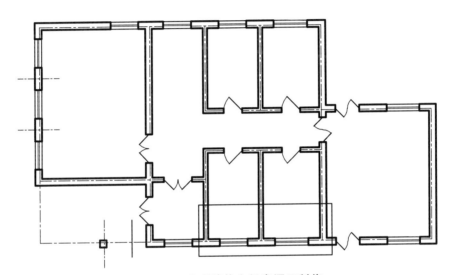

图 3.16 完成墙体上门窗洞口制作

2）绘制门窗图例符号

施工图中，门、窗均用国家标准规定的图例符号来表示，可将门、窗图例符号定义为图块，在门窗洞口处插入门窗图块，本例中详细介绍窗户图例符号的创建方法。

置"中实线"层为当前层，并用 ZOOM 命令放大窗口，以方便作图。

命令：_rectang　　　　　　　　//选择功能区【默认/绘图/矩形】按钮■，绘制窗台线

指定第一个角点或 [倒角(C)/标高(E)/圆角(F)/厚度(T)/宽度(W)]：

　　　　　　　　　　　　//捕捉端点 A，如图 3.17 所示

指定另一个角点或 [面积(A)/尺寸(D)/旋转(R)]：　　　　　　　　//捕捉端点 B

置"细实线"层为当前层，绘制窗户图例细部。为了便于精准定位，可暂时关闭"定位轴线"图层。

命令：_line　　　　//绘制窗扇线

指定第一点：　　　　//捕捉窗口边框中点 C，如图 3.17 所示

指定下一点或 [放弃(U)]:**30**　//向上拖动光标待出现竖向追踪线输入 30，按【Enter】键

指定下一点或 [放弃(U)]：　　//向右拖动光标，拾取横向追踪线与窗口右边框交点

63

命令:**_line**　　　　　　　　//绘制窗扇线

指定第一点:　　　　　　　　　//捕捉窗口边框中点 C,如图 3.17 所示

指定下一点或 [放弃(U)]:**30**　//向下拖动光标待出现竖向追踪线输入 30,按【Enter】键

指定下一点或 [放弃(U)]:　　　//向右拖动光标,拾取横向追踪线与窗口右边框交点

可使用图块(BLOCK)命令创建窗户图例。为方便选择窗户图例对象,可将"粗实线"图层和"定位轴线"图层进行加锁。

命令:**_block**　　//选择功能区【插入/块定义/创建块】按钮 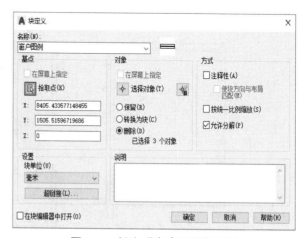,创建"窗户图例"图块

执行该命令后,系统将弹出【块定义】对话框,如图 3.18 所示。

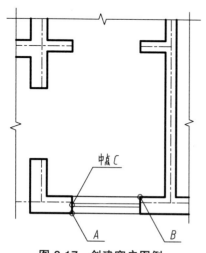

**图 3.17　创建窗户图例**

**图 3.18　创建"窗户图例"图块**

用户可以在【名称】栏内输入"窗户图例",如图 3.18 所示。单击【拾取点】按钮,此时【块定义】对话框暂时消失,让用户确定图块的插入点。一旦确定插入基点,系统自动返回【块定义】对话框;单击【选择对象】按钮,此时【块定义】对话框暂时消失,让用户选择创建窗户图例的全部对象。一旦对象选择结束,系统将自动返回【块定义】对话框。

指定插入基点:　　//选择中点 C,如图 3.17 所示

选择对象:　　　　//选择窗台线和窗扇线,如图 3.18 所示

单击【块定义】对话框中的【确定】按钮,则"窗户图例"块定义完成。用户还可以创建其他建筑图块,方法相同。

3）插入门窗图例符号

将创建的窗户图例符号用插入命令(INSERT)插入到门窗洞口处。若窗口宽度不一致,可将图块分解后,用拉伸命令(STRETCH)拉伸至窗口大小。

命令:**_insert**　　//选择功能区【插入/块/插入块】按钮 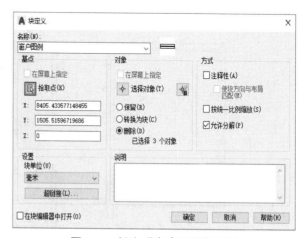,插入"窗户图例"

在弹出的【插入】对话框中,在【名称(N)】下拉列表中选择"窗户图例";勾选【比例/统一比例】复选框,勾选【旋转/在屏幕上指定】复选框,勾选【分解】复选框,如图 3.19 所示。

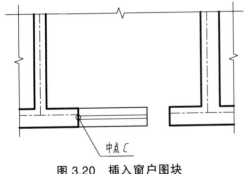

图 3.19　窗户图例插入

指定块的插入点：　　　　　//捕捉左窗边中点 C，如图 3.20 所示

指定旋转角度 <0>：　　　　//捕捉右窗边中点

命令：**_stretch**　　　　　//选择功能区【默认/修改/拉伸】按钮

以交叉窗口或交叉多边形选择要拉伸的对象...

选择对象：　　　　　　　　//用交叉窗口选择窗户图例，如图 3.21 所示由 A 点拖向 B 点

指定基点或 [位移(D)] <位移>：　　//捕捉 M 点，如图 3.21 所示

指定第二个点或 <使用第一个点作为位移>：　//捕捉 N 点，如图 3.21 所示

平面图中其他位置的窗户同样可用上述方法进行插入窗户图例，用户也可以利用复制（COPY）命令进行重复拷贝生成。

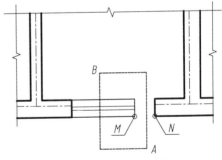

图 3.20　插入窗户图块　　　　　图 3.21　调整窗户宽度

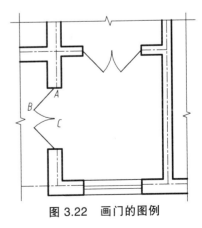

图 3.22　画门的图例

下面以②号轴线墙上门为例，如图 3.22 所示，说明门的作图方法与技巧。

置"中实线"层为当前层。门宽为 1500，为单面开启双扇门。绘制门线和门的开启方向，门可用 LINE 命令绘制，门的开启方向线可用 ARC 命令绘制。由于此门的对称性，用户可先画一半，然后利用镜像命令生成另一半。

在状态栏上设置极轴为 45°。

命令：**_line**　　　　//绘制门线

指定第一点：　　　　//捕捉中点 A，如图 3.22 所示

指定下一点或 [放弃(U)]：**750**

　　　　//拖动光标，待出现 45°追踪线后输入 750

置"细实线"层为当前层,用圆弧命令绘制门的开启方向线。

命令:**_arc**　　　　　//绘制门的开启方向线

指定圆弧的起点或 [圆心(C)]://捕捉 B 点,如图 3.22 所示

指定圆弧的第二个点或 [圆心(C)/端点(E)]:**c**

指定圆弧的圆心:　　　　　//捕捉 A 点

指定圆弧的端点或 [角度(A)/弦长(L)]:**a**

指定包含角:**45**

命令:**_mirror**　　　　//用镜像命令绘制另一半门扇

选择对象:　　　　　//选择门线、开启方向线

选择对象:　　　　　//按【Enter】键,结束对象选择

指定镜像线的第一点://捕捉 C 点,如图 3.22 所示

镜像线的第二点:　　　//向右拖动光标,在 C 正右方拾取一点

是否删除源对象? [是(Y)/否(N)] <N>:**N**　　//按【Enter】键,保留源对象

完成建筑平面图中门窗图例绘制,如图 3.23 所示。

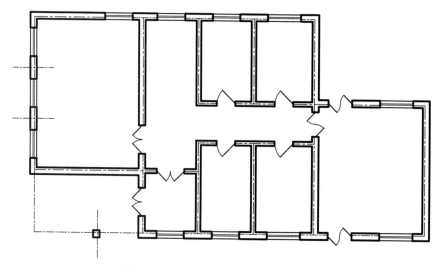

**图 3.23　建筑平面图门窗图例的绘制**

## 5.绘制其他建筑构件

建筑平面图中的楼梯、台阶、散水坡等构件,可用 LINE、OFFSET、ARRAY、TRIM 等命令来绘制。

1)绘制楼梯平面图

置"中实线"层为当前层,并用 ZOOM 命令将楼梯间放大到整个屏幕,以方便作图。楼梯的各部分尺寸需查阅楼梯平面图。该楼梯为双跑楼梯,其底层平面图如图 3.24 所示。

命令:**_line**　//绘制梯段起始线 AB,梯段宽 1 360

指定第一点:　　//捕捉 N 点向上移动光标待竖向追踪线出现输入 430,并按【Enter】
　　　　　　　　键,确定 A 点,如图 3.25 所示

指定下一点或 [放弃(U)]：**1360**

　　//向右拖动光标，待出现横向追踪线输入1360，结果如图3.25所示

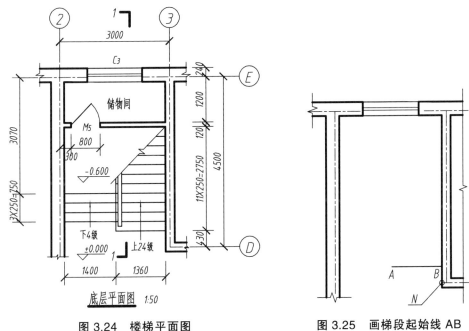

图 3.24　楼梯平面图　　　　　　　　　图 3.25　画梯段起始线 AB

　　楼梯的梯段为12级，踏面宽为250，扶手宽为100，梯段可用矩形阵列或偏移命令复制生成梯段的平面图，4级台阶的作法与梯段的作法相同。

命令：_arrayrect　　//选择功能区【默认/修改/矩形阵列】

选择对象：　　　　//选择 AB

选择对象：　　　　//单击鼠标右键，结束对象选择

类型 = 矩形　关联 = 否

选择夹点以编辑阵列或 [关联(AS)/基点(B)/计数(COU)/间距(S)/列数(COL)/行数(R)/层数(L)/退出(X)] <退出>：R　　//选择输入行数

　　输入行数数或 [表达式(E)] <3>：12　　　　　　　　　　　　　//行数 12

　　指定 行数 之间的距离或 [总计(T)/表达式(E)] <1>：250　　　　//行距 250

　　指定 行数 之间的标高增量或 [表达式(E)] <0>：　　　　　　　//按【Enter】键

　　选择夹点以编辑阵列或 [关联(AS)/基点(B)/计数(COU)/间距(S)/列数(COL)/行数(R)/层数(L)/退出(X)] <退出>：COL　　　　　　　　　　　　　　　　　//选择列数

　　输入列数数或 [表达式(E)] <4>：1　　　　　　　　　　　　　//列数为 1 列

　　指定 列数 之间的距离或 [总计(T)/表达式(E)] <2040>：　　　　//按【Enter】键

　　矩形阵列后结果如图3.26所示。

　　用 LINE 命令绘制储藏间分隔墙、台阶、扶手等构件，并按建筑制图的有关要求对其进行修剪，楼梯平面图如图3.27所示。

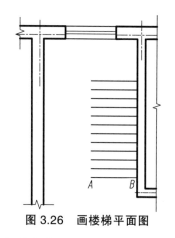

图 3.26　画楼梯平面图

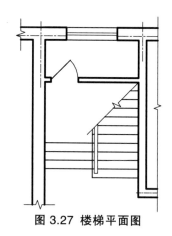

图 3.27　楼梯平面图

2）绘制台阶

　　置"中实线"为当前层。台阶用 LINE 命令绘制，平台 1 尺寸为 3 300×2 500、平台 2 尺寸为 2 800×800、平台 3 尺寸为 2 500×800；阶梯可用偏移命令生成，阶梯踏面宽为 300，如图 3.28 所示。

　　命令：_line　　　　　　　　　　//绘制平台线 a

　　指定第一点：　　　　　　　　　　//拾取 A 点

　　指定下一点或[放弃(U)]：　　　　//向上拖动光标，待竖向追踪线与墙体线相交拾取该点

　　命令：_line　　　　　　　　　　//绘制平台线 b

　　指定第一点：　　　　　　　　　　//拾取 B 点

　　指定下一点或[放弃(U)]：　　　　//拾取 C 点，如图 3.28 所示

　　命令：_offset　　　　　　　　　//绘制阶梯部分，如图 3.29 所示

　　当前设置：删除源=否　图层=源　OFFSETGAPTYPE=0

　　指定偏移距离或 [通过(T)/删除(E)/图层(L)] <1>：**300**　　//台阶踏面宽 300

　　选择要偏移的对象，或 [退出(E)/放弃(U)] <退出>：　　　　//选择 a，如图 3.28 所示

　　指定要偏移的那一侧上的点，或 [退出(E)/多个(M)/放弃(U)] <退出>：

　　　　　　　　　　　　　　　　　　　　　　　　　　//在线段 a 左侧拾取一点

　　……

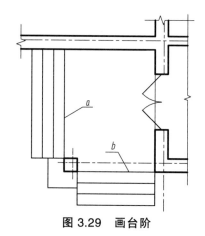

图 3.28　画平台线　　　　　　　　　　图 3.29　画台阶

连续进行偏移操作，最后用直线连接，完成台阶平面图。用矩形命令画出立柱台，其尺寸为 800×800。结果如图 3.29 所示。平面图中另外两个台阶制作方法雷同，此处不再赘述。

3）绘制卫生间

置"细实线"层为当前层。用直线、矩形等命令绘制各类卫生设备图例。其中大便器尺寸为 1 200×900，小便槽尺寸为 2 700×600，盥洗槽尺寸为 1 500×500，洗涤池尺寸为 500×500，完成各类卫生设备图例制作，结果如图 3.30 所示。

4）绘制散水坡

置"细实线"层为当前层。用直线命令绘制建筑外墙外围的散水坡，散水坡宽 800。

命令：_line

指定起点：　　　//捕捉外墙面角点，拖动光标外移，待竖向或横向追踪线出现输入 800，并按【Enter】键

指定第一个点：//拖动光标待与外墙平行的追踪线出现，在外墙线另一端点附近拾取一点

完成所有外墙外侧的散水坡外轮廓线绘制，再利用圆角命令，将散水坡外轮廓线相交，最后用直线命令画出相邻散水坡间的交线，完成整个建筑平面图的图形绘制，结果如图 3.31 所示。

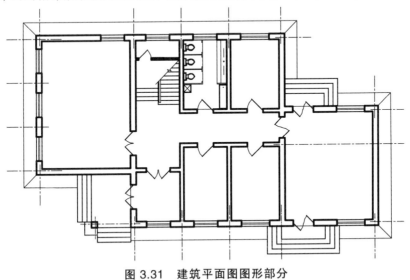

图 3.31　建筑平面图图形部分

## 6. 建筑平面图的尺寸标注

1）设置尺寸标注样式

在标注尺寸前，首先要设置尺寸标注样式，使其符合我国建筑制图尺寸标注要求。

选择功能区【默认/注释/标注样式】按钮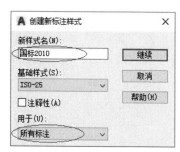，系统将调出【标注样式管理器】对话框，如图 3.32 所示。

点击图 3.32 中【新建(N)...】按钮，系统将弹出如图 3.33 所示的【创建新标注样式】对话框，用户可以在【新样式名】栏内输入"国标 2010"，点击【继续】按钮后，系统将弹出如图 3.34 所示的【新标注样式：国标 2010】对话框。在该对话框中有 7 个选项卡，分别设置如下：

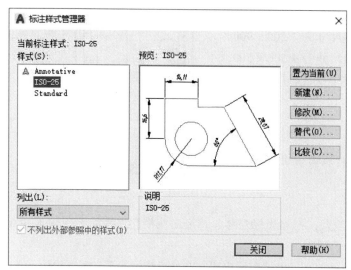

图 3.32　标注样式管理器　　　　　　　　图 3.33　创建新标注样式

①【线】选项卡：设置【尺寸线/基线间距】为"7"；设置【延伸线/超出尺寸线】为"2"，【延伸线/起点偏移量】为"0"；其余选项均设为缺省值，如图 3.34 所示。

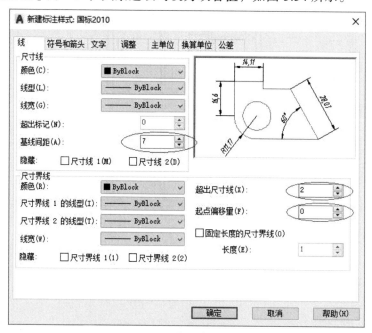

图 3.34　【线】选项卡

②【符号和箭头】选项卡：设置【箭头/箭头类型】为"建筑标记"，【箭头大小】为"2"；其余选项均设为缺省值，如图 3.35 所示。

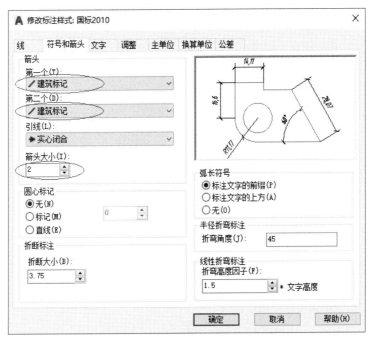

图 3.35　【符号和箭头】选项卡

③【文字】选项卡：在【文字外观/文字样式】下拉列表中，选择"数字字母"。通常需创建两种文字样式，即汉字和数字字母。单击其右侧按钮，系统将弹出如图 3.36 所示的【文字样式】对话框，供用户创建文字样式。

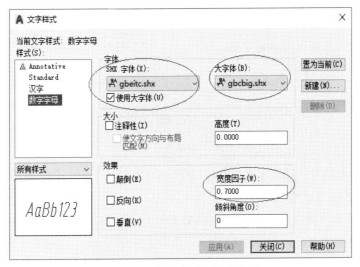

图 3.36　文字样式–数字字母

在【文字位置/从尺寸线偏移】栏，设置为"1"；在【文字对齐】栏，选择"与尺寸线对齐"；其余选项均设为缺省值，如图 3.37 所示。

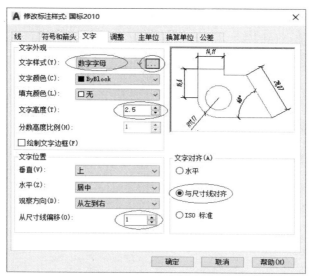

**图 3.37 【文字】选项卡**

④【调整】选项卡：设置【标注特征比例/使用全局比例】为"100"（建筑平面图的输出比例为 1∶100）；其余选项均设为缺省值，如图 3.38 所示。

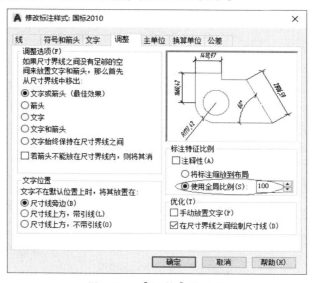

**图 3.38 【调整】选项卡**

⑤【主单位】选项卡：设置【线性标注/单位格式】为"小数"，【线性标注/精度】为"0"，如图 3.39 所示。其余选项均设为缺省值。

其余两个选项卡的设置均为缺省值，点击【确定】按钮，返回【标注样式管理器】对话框，在【样式(S)】列表中选中"国标 2010"，点击【置为当前(U)】按钮，则当前的尺寸标注样式即为所设置的"国标 2010"样式。关闭该对话框，进行建筑平面图的尺寸标注。

2）标注平面图尺寸

建筑平面图的尺寸标注包括外部尺寸、内部尺寸和标高尺寸的标注。外部尺寸为外墙上的

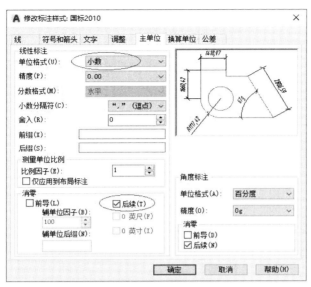

图 3.39 【主单位】选项卡

三道尺寸，即外墙上门窗细部尺寸、定位轴线间尺寸（也称房间的开间和进深尺寸）和外包尺寸，以及外部其他建筑构件的尺寸；内部尺寸是内墙上门窗细部尺寸，以及各种设备的大小和位置尺寸；标高尺寸是指室内、室外地面标高尺寸。本例中以标注 A 轴线墙的外部尺寸为例，其操作步骤如下：

置"尺寸标注"层为当前层。打开极轴、对象捕捉方式和对象追踪方式。为了使尺寸界限端点对齐，应利用对象追踪功能。

① 标注第一道尺寸——门窗细部尺寸。

命令：_dimlinear       //选择功能区【默认/注释/线性】按钮

指定第一条尺寸界线原点或 <选择对象>：  //光标锁定 A 点，向下拖动光标并在适当位置拾取一点，如图 3.40 所示

指定第二条尺寸界线原点：    //光标锁定 B 点，向下拖动光标，在与第一条尺寸界线端点引出的十字追踪线交点处拾取此点，如图 3.40 所示创建了无关联的标注

指定尺寸线位置或[多行文字(M)/文字(T)/角度(A)/水平(H)/垂直(V)/旋转(R)]：

    //向下移动光标，在适当位置处拾取一点，确定尺寸线位置

标注文字 =240

命令：_dimcontinue     //选择功能区【注释/标注/连续】按钮

指定第二条尺寸界线原点或 [放弃(U)/选择(S)] <选择>：  //锁定 C 点，并向下拖动光标，待出现十字追踪交点处拾取此点，如图 3.40 所示

标注文字 =3500

指定第二条尺寸界线原点或 [放弃(U)/选择(S)] <选择>：  //锁定 D 点，并向下拖动光标，待出现十字追踪交点处拾取此点，如图 3.40 所示

标注文字 =2500

指定第二条尺寸界线原点或 [放弃(U)/选择(S)] <选择>：　//锁定 E 点，并向下拖动光标，

　　　　　　　待出现十字追踪交点处拾取此点，如图 3.40 所示

标注文字 =750

指定第二条尺寸界线原点或 [放弃(U)/选择(S)] <选择>：　//锁定 F 点，并向下拖动光标，

　　　　　　　待出现十字追踪交点处拾取此点，如图 3.40 所示

标注文字 =1500

指定第二条尺寸界线原点或 [放弃(U)/选择(S)] <选择>：　//锁定 G 点，并向下拖动光标，

　　　　　　　待出现十字追踪交点处拾取此点，如图 3.40 所示

标注文字 =750

……

用上述步骤依次标注完成全部第一道尺寸，如图 3.40 所示。

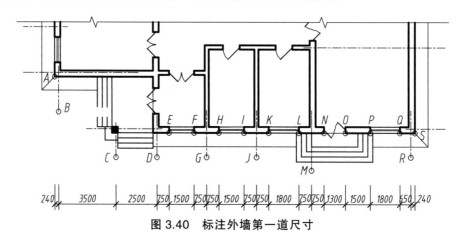

**图 3.40　标注外墙第一道尺寸**

② 标注第二道尺寸——定位轴线间尺寸。

命令：_dimbaseline　　　　　//选择功能区【注释/标注/基线】按钮

指定第二条尺寸界线原点或 [放弃(U)/选择(S)] <选择>：　S

选择基准标注：　　　　　　　//选择左侧尺寸 3500 的左边尺寸界限，如图 3.41 所示

指定第二条尺寸界线原点或 [放弃(U)/选择(S)] <选择>：　//捕捉 B 点，如图 3.41 所示

标注文字 =6000

命令：_dimcontinue　　　　　//选择功能区【注释/标注/连续】按钮

指定第二条尺寸界线原点或 [放弃(U)/选择(S)] <选择>：　　//捕捉 C 点，如图 3.41 所示

标注文字 =3000

指定第二条尺寸界线原点或 [放弃(U)/选择(S)] <选择>：　　//捕捉 D 点，如图 3.41 所示

标注文字 =3000

指定第二条尺寸界线原点或 [放弃(U)/选择(S)] <选择>：　　//捕捉 E 点，如图 3.41 所示

标注文字 =3300

……

完成外墙上第二道尺寸标注，如图 3.41 所示。

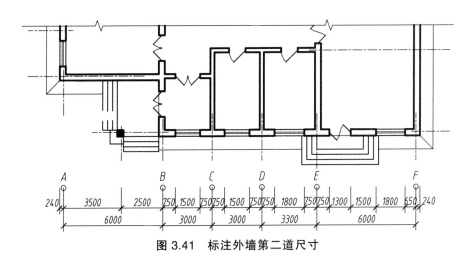

**图 3.41　标注外墙第二道尺寸**

③ 标注第三道尺寸——外包尺寸。

命令：_dimbaseline　　　　　　　　　//选择功能区【注释/标注/基线】按钮

指定第二条尺寸界线原点或 [放弃(U)/选择(S)] <选择>：S

选择基准标注：　　　　　　　　　//选择左侧尺寸 6000 的左边的尺寸界限，如图 3.42 所示

指定第二条尺寸界线原点或 [放弃(U)/选择(S)] <选择>：　　//捕捉 H 点

标注文字 =21540

指定第二条尺寸界线原点或 [放弃(U)/选择(S)] <选择>：　　//按【Enter】键，结束命令

调整外包尺寸左侧的尺寸界限的位置。选中外包尺寸 21 540，用光标左键单击该尺寸，此时，该尺寸的尺寸界限上出现蓝色夹点。将光标移至该尺寸左侧尺寸界限的夹点内，单击鼠标左键激活夹点由蓝色变为红色，并将夹点拖至 A 点处单击鼠标左键，按【ESC】键，夹点消失，尺寸数字 21 540 变为 21 780，完成第三道尺寸的标注，结果如图 3.42 所示。

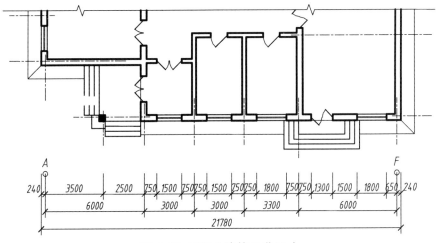

**图 3.42　标注外墙第三道尺寸**

在上述尺寸标注过程中，常涉及一些小尺寸的处理，如图 3.43 中所示的尺寸 240 和尺寸 600，由于尺寸数字无法放置在尺寸界限内，而尺寸数字被引出标注或重叠标注又不符合建筑

制图尺寸标注要求，因此需要调整这些尺寸数字的位置。解决的方法是用鼠标左键单击该尺寸，如图 3.44 所示，用鼠标左键单击尺寸 240，使其出现蓝色夹点，然后将光标移入尺寸 240 的夹点，待系统出现如图 3.44 所示的快捷菜单，选择【仅移动文字】选项，此时该尺寸数字随鼠标光标移动而移动，用户在合适位置处点击鼠标左键即可确定其位置。用户可将引出标注的小尺寸逐个逐个地编辑并移至指定位置，如图 3.45 所示。

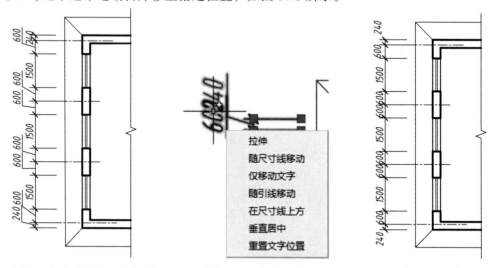

图 3.43　小尺寸调整前的位置　　　图 3.44　快捷菜单　　　图 3.45　小尺寸调整后的位置

用上述方法完成平面图中所有内、外墙尺寸及外部建筑构件尺寸标注，结果如图 3.46 所示。

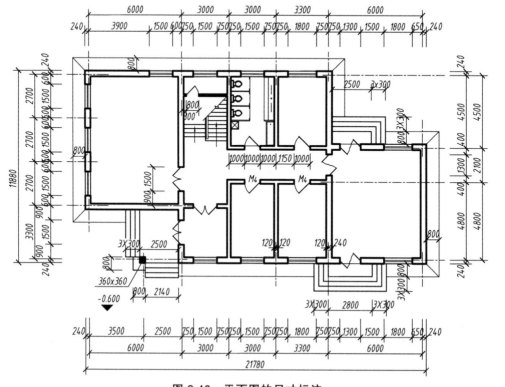

图 3.46　平面图的尺寸标注

3）标注标高尺寸

标高尺寸由图形和数值组成，标注标高尺寸可用属性图块方法进行。用户应先按国家标准规定绘制标高图形符号，然后添加属性。应当注意的是，标高图形符号及属性值均应按图形输出比例的倒数放大绘制。

命令：_line　　　//绘制标高符号，如图 3.47 所示

指定第一点：　　　//在屏幕上任取一点

指定下一点或 [放弃(U)]：**@－300，－300**

指定下一点或 [放弃(U)]：**@－300，300**

指定下一点或 [闭合(C)/放弃(U)]：**@1500，0**

指定下一点或 [闭合(C)/放弃(U)]：　//按【Enter】键，结束命令

选择功能区选项卡【插入/块定义/定义属性】按钮

命令：_attdef

执行该命令后，系统将调出【属性定义】对话框，在该对话框中各选项设置如图 3.48 所示，点击【确定】按钮。

指定起点：**100**　//目标锁定标高右端点 M，向上移动光标，待出现竖向追踪线时输入
　　　　　　　　　　100，这样可使标高数字与标高图形符号相距 100，如图 3.47 所示

属性定义完成后，将标高图形符号和属性标记创建为标高属性图块，选择功能区选项卡

【插入/块定义/创建块】按钮。

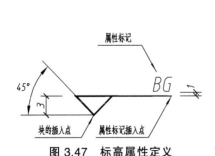

图 3.47　标高属性定义

图 3.48　标高块定义

命令：**_block**　　　//选择功能区选项卡【插入/块定义/创建块】按钮

在系统弹出的【块定义】对话框中，其各项设置与创建窗口块方法相仿，此处不再赘述。

选择对象：　　　//选择标高图形符号和属性标记

指定插入基点：　　　//捕捉标高图形符号下部尖点 N

属性标高图块的插入，可选择功能区选项卡【插入/块/块插入】按钮🖼️。

命令：_insert      //标注标高尺寸。【插入】对话框的设置与窗户插入方法相同

指定插入点或[比例(S)/X/Y/Z/旋转(R)/预览比例(PS)/PX/PY/PZ/预览旋转(PR)]：//捕捉插入点

请输入标高值 <0.000>：**– 0.600**      //输入所插入处的标高值– 0.600

在需要标注标高尺寸的地方，插入标高属性图块。当然，用户也可以先绘制标高符号和文本命令书写标高值，在其他需要标注标高的地方，利用 COPY 命令复制生成，并用编辑文本命令修改其标高值。

### 4）注释文字和建筑构件代号

在建筑平面图中，需要注写房间的名称、门窗等构件的代号。注写名称及代号，可用 TEXT 或 MTEXT 命令。应注意的是，书写文本的字高，要乘以图形输出比例的倒数。

### 5）定位轴线编号

按房屋建筑制图标准中有关定位轴线规定，竖向定位轴线自左向右用阿拉伯数字顺序编号，横向定位轴线自下向上用拉丁字母顺序编号，定位轴线编号圆圈的直径为 8 mm。标注定位轴线编号的方法可用属性图块。应注意的是，定位轴线圆圈的直径和轴线编号文本的字高均应按图形输出比例的倒数放大绘制，图块的插入点可设置在圆圈的圆心处。

完成建筑平面图的全部内容，结果如图 3.1 所示。

# 实例二　建筑立面图的绘制

建筑立面图是建筑物不同方向外墙面的正立面图，用于表明建筑物的建筑外形、外墙面上门窗的位置及类型、外墙面的装饰等内容。用 AutoCAD 软件绘制建筑立面图通常有两种方法，即二维作图法和三维模型作图法。二维作图法是运用传统的手工绘图方法与步骤同 AutoCAD 二维命令相结合绘制图形。这种方法简单、直观、准确，但是绘制的建筑立面图是彼此分离的，不同方向的立面图必须独立绘制。三维模型作图法是依据建筑平面图，用三维表面模型或实体造型方法构建建筑物的模型，选择不同的视点观察建筑模型并进行消隐处理，得到不同方向的建筑立面图。其优点是，可直接从三维模型上提取二维立面信息，一旦完成建模工作即可生成任意方向的立面图。建模作图法更显示出立面设计的合理性，但与二维作图相比较，其作图操作更为复杂。在本例中将介绍二维作图法绘制建筑立面图的方法与技巧。

用二维绘图方法绘制建筑立面图之前，应注意了解建筑立面图的图形特点。如果建筑立面图有对称面，可先绘制一半，利用 MIRROR 命令镜像复制生成其另一半；对楼房来说，如果某些楼层的立面图布局相同，可先绘制某一层立面图（即标准层立面图），利用 COPY 复制生成其他楼层的立面图。另外，应了解建筑立面图中各部分构件的尺寸大小，有些建筑构配件的尺寸应查阅相关的建筑平面图、建筑剖面图和建筑详图。

为了加强建筑立面图的表达效果，使建筑物的轮廓突出、层次分明，通常选用的线型如下：屋脊线和外墙外形轮廓线用粗实线（*b*），室外地坪线用特粗线（1.4*b*），凹凸墙面、阳台、雨篷、门窗洞等用中实线（0.5*b*），其他部分如门窗扇、雨水管、墙面装饰、尺寸线、标高等

用细实线（0.25$b$）。其中 $b$ 值的大小应依据图样复杂程度和绘图比例，按《房屋建筑制图统一标准》（GB/T 50001—2010）中的规定选择适当的线宽组。

用 AutoCAD 软件绘制建筑立面图时，图形部分应采用 1∶1 作图；而与绘图比例无关的图形符号（如标高、轴线编号等）、尺寸标注、文字注释等，应按图形输出比例的倒数放大绘制。

下面以绘制如图 3.49 所示的建筑立面图为例，介绍其作图方法与作图步骤。

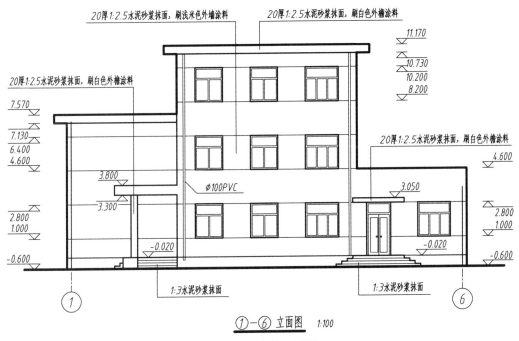

图 3.49　建筑立面图

## 1. 设置作图环境

用户要在 AutoCAD 中绘制图形，应首先设置图形的绘图环境。有关绘图单位、图形界限、线型比例、文字样式的设置方法请参见"建筑平面图的绘制"一节。本例建筑立面图的图层设置如图 3.50 所示。

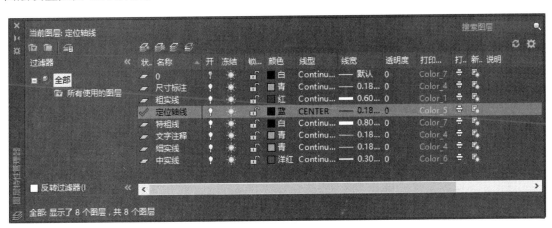

图 3.50　建筑立面图图层设置

## 2. 绘制建筑立面图

在本例中，房屋是三层办公楼，外墙面上门窗在长宽方向的具体位置和大小，需查阅各层建筑平面图。而房屋屋顶挑檐构造和尺寸，需查阅屋顶平面图和外墙剖面节点详图。

1）绘制定位轴线及室外地面线和楼地面线

置"定位轴线"层为当前层。依据建筑平面图中的定位轴线间尺寸，用 LINE 绘制定位轴线，如图 3.51 所示。

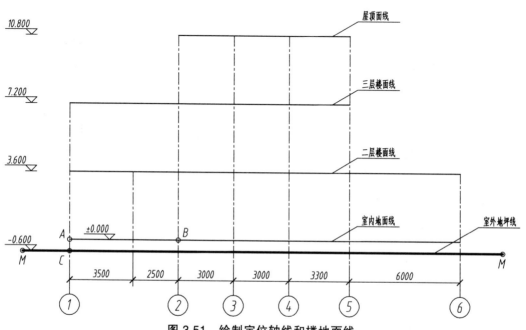

图 3.51　绘制定位轴线和楼地面线

| 命令：_line | //绘制①定位轴线 |
| --- | --- |
| 指定第一点： | //在屏幕左下角拾取一点 C |
| 指定下一点或 [放弃(U)]：**7800** | //向上拖动光标，待竖向追踪线出现时输入 7800，按【Enter】键，结束命令 |
| 命令：_line | //绘制立柱的定位轴线 |
| 指定第一点： | //锁定①定位轴线端点 C |
| 指定下一点或 [放弃(U)]：**3500** | //向右拖动光标，待横向追踪线出现时输入 3500 |
| 指定下一点或 [放弃(U)]：**4200** | //向上拖动光标，待竖向追踪线出现时输入 4200，按【Enter】键，结束命令 |
| 命令：_line | //绘制②定位轴线 |
| 指定第一点： | //锁定①定位轴线端点 C，向右拖动光标，待横向追踪线出现时输入 6000，按【Enter】键 |

指定下一点或 [放弃(U)]：**11400**　　//向上拖动光标，待竖向追踪线出现时输入 11400，按
　　　　　　　　　　　　　　　　　　　　【Enter】键，结束命令

……

用同样方法画出③、④、⑤、⑥号轴线，完成 6 根定位轴线的绘制，结果如图 3.51 所示。

置"细实线"层为当前层，依据层高 3600，用 LINE 或 OFFSET 命令绘制室外地平线、室内地面线、楼面线和屋顶面线，如图 3.51 所示。

命令：_line　　　　　　　　　//绘制室内地面线，室内外高差 600
指定第一点：　　　　　　　　　//在①轴线上锁定 C 点，向上拖动光标，待竖向追踪线
　　　　　　　　　　　　　　　　出现，输入 600，按【Enter】键，拾取点 A
指定下一点或 [放弃(U)]：　　　//向右拖动光标，待横向追踪线与⑥轴线相交，拾取该点
命令：_line　　　　　　　　　//绘制二层楼面线，层高 3600
指定第一点：　　　　　　　　　//在①轴线上锁定 A 点，向上拖动光标，待竖向追踪线
　　　　　　　　　　　　　　　　出现，输入 3600，按【Enter】键，拾取此点
指定下一点或 [放弃(U)]：　　　//向右拖动光标，待横向追踪线与⑥轴线相交，拾取此点

……

用同样方法画出三层楼面线和屋顶顶面线，结果如图 3.51 所示。

2）绘制外墙轮廓线

置"粗实线"层为当前层。用 LINE 命令绘制外墙轮廓线和凹凸墙面线，注意屋顶挑檐飘出外墙面 700。

命令：_line　　　　　　　　　　　　//绘制①轴线外墙轮廓线
指定第一个点：240　　　　　　　　　//拾取①轴线端点 A，向左拖动光标，待横向
　　　　　　　　　　　　　　　　　　追踪线出现时输入 240，按【Enter】键
指定下一点或 [放弃(U)]：7130　　　//向上拖动光标，待竖向追踪线出现时输入
　　　　　　　　　　　　　　　　　　7130，按【Enter】键
指定下一点或 [放弃(U)]：700　　　 //向左拖动光标，待横向追踪线出现时输入 700，
　　　　　　　　　　　　　　　　　　按【Enter】键
指定下一点或 [闭合(C)/放弃(U)]：440 //向上拖动光标待竖向追踪线出现时输入 440，
　　　　　　　　　　　　　　　　　　按【Enter】键

……

用同样方法画出②、⑤、⑥轴线的墙外轮廓线，然后用 LINE 命令连接屋顶檐口上顶线，并将①和⑥墙体外轮廓线延伸至室外地平线，去除②、⑤轴线墙体上非外形轮廓线部分。

置"中实线"层为当前层，用 LINE 命令画出②轴线的凹凸墙面线，如图 3.52 所示。

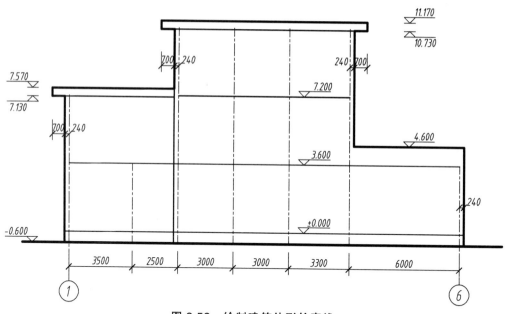

图 3.52　绘制建筑外形轮廓线

3）绘制墙面引条线

置"细实线"层为当前层。依据窗台高 1 000、窗户高 1 800，用 LINE 命令绘制各楼层的窗台线和窗顶线，然后删除各楼层的楼面线。

命令：_line　　　　　　　　　//绘制底层窗台线
指定第一个点：1000　　　　　//锁定室内地面线端点 A，向上拖动光标，待竖向
　　　　　　　　　　　　　　　追踪线出现时输入 1000，按【Enter】键
指定下一点或 [放弃(U)]：　　//向右拖动光标，待横向追踪线与 6 轴线墙轮廓线
　　　　　　　　　　　　　　　相交，拾取此点。按【Enter】键结束 LINE 命令
命令：_line　　　　　　　　　//绘制底层窗顶线
指定第一个点：1800　　　　　//锁定底层窗台线端点 B，向上拖动光标，待竖向
　　　　　　　　　　　　　　　追踪线出现时输入 1800，按【Enter】键
指定下一点或 [放弃(U)]：　　//向右拖动光标，待横向追踪线与 6 轴线墙轮廓线
　　　　　　　　　　　　　　　相交，拾取此点。按【Enter】键结束 LINE 命令
……

依次画出二层、三层的窗台线和窗顶线，如图 3.54 所示。

4）绘制门窗洞口

置"中实线"层为当前层，依据建筑平面图中窗户定位尺寸 750 以及窗户尺寸 1 500×1 800 和 1 800×1 800，用矩形命令画出外墙上窗洞口；依据平面图中门的定位尺寸 750 以及门尺寸 1 300×2 800，用矩形命令画出外墙上门洞口。

命令：_rectang　　　　　　　//选择功能区选项卡【默认/绘图/矩形】按钮▣
指定第一个角点或 [倒角(C)/标高(E)/圆角(F)/厚度(T)/宽度(W)]：750

82

//锁定 M 点,向右拖动光标,待横向追踪线出现输入 750,
按【Enter】键

指定另一个角点或 [面积(A)/尺寸(D)/旋转(R)]:@1500,1800 　　// 窗户尺寸 1500×1800

命令：_rectang 　　　　　　　//选择功能区选项卡【默认/绘图/矩形】按钮▢

指定第一个角点或 [倒角(C)/标高(E)/圆角(F)/厚度(T)/宽度(W)]: 750

//锁定 N 点,向右拖动光标,待横向追踪线出现输入 750,
按【Enter】键

指定另一个角点或 [面积(A)/尺寸(D)/旋转(R)]:@1800,1800 　　// 窗户尺寸 1800×1800

命令：_rectang 　　　　　　　//选择功能区选项卡【默认/绘图/矩形】按钮▢

指定第一个角点或 [倒角(C)/标高(E)/圆角(F)/厚度(T)/宽度(W)]: 750

//锁定 G 点,向右拖动光标,待横向追踪线出现输入 750,
按【Enter】键

指定另一个角点或 [面积(A)/尺寸(D)/旋转(R)]:@1300, 2800 　　// 门尺寸 1300×2800

5）绘制门窗细部

置"细实线"层为当前层，依据如图 3.53 所示的门、窗细部尺寸，采用直线、矩形、偏移等命令绘制底层外墙上的门、窗图例，相同的窗户通过复制生成，完成底层外墙上门窗图例绘制，结果如图 3.54 下部所示。

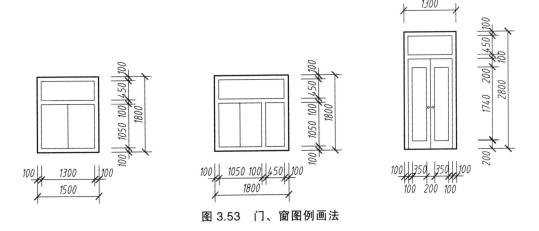

**图 3.53　门、窗图例画法**

由于建筑立面图中，二层、顶层的中间部分与底层完全相同，故可以使用矩形阵列（ARRAYRECT）命令，采用 3 行 1 列来复制，行距即为楼层层高 3600。也可以使用复制（COPY）命令来完成。

命令：_arrayrect

选择对象：找到 13 个 　　　　//选择底层中部 3 个窗户

选择对象： 　　　　　　　　//按【Enter】键，结束对象选择

类型 = 矩形　关联 = 否

选择夹点以编辑阵列或 [关联(AS)/基点(B)/计数(COU)/间距(S)/列数(COL)/行数(R)/层数(L)/退出(X)] <退出>: R
　　　　　　　　　　　　　　　　　//选择行数

输入行数数或 [表达式(E)] <3>：3　　　　　　　　　　　　//输入 3 行

指定 行数 之间的距离或 [总计(T)/表达式(E)] <2700>：3600　　//输入行距 3600

指定 行数 之间的标高增量或 [表达式(E)] <0>：　　　　　　//按【Enter】键

选择夹点以编辑阵列或 [关联(AS)/基点(B)/计数(COU)/间距(S)/列数(COL)/行数(R)/层数(L)/退出(X)] <退出>：COL　　　　　　　　　　　　//选择列数

输入列数数或 [表达式(E)] <4>：1　　　　　　　　　　　　//输入 1 列

指定 列数 之间的距离或 [总计(T)/表达式(E)] <11700>：　　　//按【Enter】键

选择夹点以编辑阵列或 [关联(AS)/基点(B)/计数(COU)/间距(S)/列数(COL)/行数(R)/层数(L)/退出(X)] <退出>：　　　　　　　　　　　　　　　//按【Enter】键

矩形阵列结果如图 3.54 所示。

**图 3.54　完成底层外立面门窗图例绘制**

6）绘制台阶、雨篷等其他建筑构件

台阶、雨篷等构件可用直线、矩形、复制、偏移等命令绘制。台阶尺寸可从底层平面图中查阅，本例中台阶宽 300，高 150。雨篷尺寸可从二层平面图中查阅。左边的雨篷长 3 400，其前侧与外墙面平齐，雨篷厚 500；右边的雨篷尺寸为 2 800×800，与下部台阶平台尺寸相同，雨篷厚 250。现以右边台阶和雨篷画法为例，操作如下：

置"中实线"层为当前层，先画出台阶左侧外轮廓，再用镜像命令生成右侧台阶外轮廓。

命令：_line　　　　　　　//选择功能区选项卡【默认/绘图/直线】按钮▨

指定第一个点：　　　　　　//捕捉门洞底边中点

指定下一点或 [放弃(U)]：1400　　//光标向右拖动，输入 1400，按【Enter】键

指定下一点或 [放弃(U)]：150　　//光标向下拖动，输入 150，按【Enter】键

指定下一点或 [闭合(C)/放弃(U)]：300　//光标向右拖动，输入 300，按【Enter】键

指定下一点或 [闭合(C)/放弃(U)]：150　//光标向下拖动，输入 150，按【Enter】键

84

......

完成 4 级台阶左侧外轮廓线后，再用镜像命令生成台阶右侧外轮廓线。

命令：_mirror         //选择功能区选项卡【默认/修改/镜像】按钮

选择对象：找到 8 个       //选择左侧台阶外轮廓对象

选择对象：           //单击鼠标右键，结束对象选择

指定镜像线的第一点：     //选择台阶中点

指定镜像线的第二点：     //向下拖动光标，在其正下方拾取一点

要删除源对象吗？[是(Y)/否(N)] <否>：N      //选择【否】

用矩形命令绘制台阶上方雨篷，雨篷尺寸 $2800 \times 800 \times 250$

命令：_rectang       //选择功能区选项卡【默认/绘图/矩形】按钮

指定第一个角点或 [倒角(C)/标高(E)/圆角(F)/厚度(T)/宽度(W)]：

                //追踪捕捉雨篷左下角点

指定另一个角点或 [面积(A)/尺寸(D)/旋转(R)]：@2800，250

置"细实线"层为当前层，绘制台阶细部。用直线（LINE）命令将台阶左右轮廓线对应点连线即可。

完成其他各类建筑构件的绘制，建筑立面图图形部分如图 3.55 所示。

图 3.55 建筑立面图图形绘制

## 3. 标注标高尺寸、轴线编号、文字注释和外墙详图索引符号

1）标注标高尺寸

建筑立面图中应注明建筑外墙上各个部位的标高尺寸，应标注室内外地面、台阶、门窗洞的上下口、檐口、雨篷等处的标高。标注方法详见"建筑平面图的绘制"一节。

2）标注定位轴线

建筑立面图中应注明两端外墙的定位轴线及其编号，可利用属性图块进行标注。定位轴线圆圈直径（8 mm）和轴线编号数字高度应按图形输出比例倒数放大绘制，定位轴线属性块的插入点应设置在圆心。

3）文字注释

建筑立面图应注写外墙各部位建筑装修材料与施工方法。用户可用 LINE 命令画出引线，并用 MTEXT 命令注写装饰材料名称与施工方法。文字采用 3.5 号字，即字高 3.5 mm，应注意的是，字体高度值为 3.5 乘以图形输出比例的倒数。

4）注释详图索引符号

凡需要绘制详图的部位，应标注详图索引符号。详图索引符号的圆圈为细线圆，直径为 10 mm。详图索引符号标注方法与标高尺寸标注方法相同，可利用属性图块方式进行标注。

完成各类标注内容，结果如图 3.49 所示。

# 实例三　建筑剖面图的绘制

建筑剖面图是房屋与墙身轴线垂直方向的剖视图，包括被剖切到的建筑构件断面（有时用建筑构件的图例符号表达）和在投影方向上可见的建筑构件，以及必要的尺寸、标高等。建筑剖面图主要用来表示房屋内部的分层情况、结构形式、构造方法、使用的材料与施工方法，以及各建筑构件间的联系和高度等。

建筑剖面图的剖切位置，一般是选取在内部结构和构造比较复杂或有变化、有代表性的部位，如通过出入口、门厅或楼梯间等部位。

运用 AutoCAD 绘制建筑剖面图时，应注意分析图形特点，如楼梯间的每个梯段都是由踏面和踢面组成的步级构成，绘制时应利用软件的复制功能，以提高绘图的效率。

建筑剖面图的线型按国标规定，凡是被剖切到的墙、板、梁、楼梯等构件的轮廓线用粗实线（$b$）表示，未剖到的可见轮廓如门窗洞、楼梯、墙面等用中粗实线（0.5$b$）表示，门窗扇、图例线、引出线、尺寸线、雨水管等用细实线（0.25$b$）表示，室内外地坪线用特粗实线（1.4$b$）表示。其中 $b$ 值应依据图样复杂程度和绘图比例，按《房屋建筑制图统一标准》（GB/T 50001—2010）中的规定选择适当的线宽组。

下面以图 3.56 所示的建筑剖面图为例，说明绘制建筑剖面图的方法与步骤。

## 1. 设置作图环境

用户要在 AutoCAD 中绘制图形，应首先设置图形的绘图环境。有关绘图单位、图形界限、线型比例、文字样式的设置方法请参见"建筑平面图的绘制"一节。本例建筑剖面图的图层规划设置如图 3.57 所示。

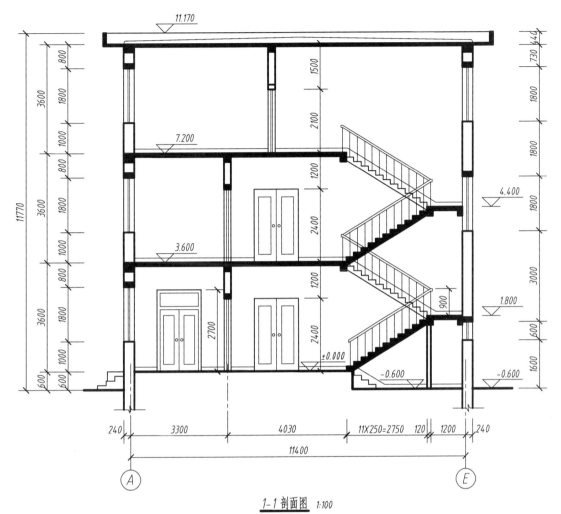

1-1 剖面图 1:100

图 3.56　建筑剖面图

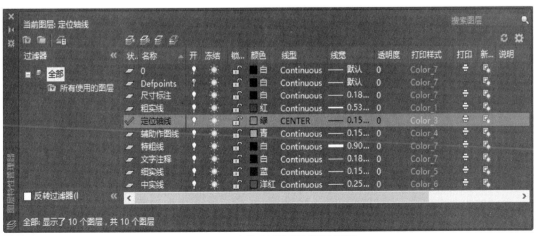

图 3.57　建筑剖视图的图层设置

## 2. 绘制定位轴线和楼地面线

1）绘制室外地坪线及楼地面线

置"粗实线"层为当前层，用 LINE 命令绘制室外地坪线。

命令：_line               //绘制室内地面线，如图 3.58 所示

指定第一点：             //在屏幕左下角拾取一点

指定下一点或 [放弃(U)]:**11400**    向右拖动光标，待横向追踪线出现输入 11400

命令：_line               //绘制室内地面线

指定第一个点：600         //锁定地坪线端点向上拖动光标，输入 600，按【Enter】键

指定下一点或 [放弃(U)]：    //向右拖动光标与地坪线右端点竖向追踪线相交，拾取此点

命令：_offset           //绘制各层楼面线

当前设置：删除源=否    图层=源    OFFSETGAPTYPE=0

指定偏移距离或 [通过(T)/删除(E)/图层(L)] <600.0000>：   3600

选择要偏移的对象，或 [退出(E)/放弃(U)] <退出>：            //选择室内地面线

指定要偏移的那一侧上的点，或[退出(E)/多个(M)/放弃(U)] <退出>：//在上方拾取一点

……

依次画出各层楼面线、屋顶线，以及楼梯休息平台台面线。

2）绘制各墙体的定位轴线及楼梯起始端线

置"定位轴线"层为当前层，用 LINE 绘制各墙体的定位轴线。

命令：**_line**            //绘制 A 号定位轴线，如图 3.58 所示

指定第一点：           //在室外地平线正下方适当位置拾取一点

指定下一点或 [放弃(U)]：    //向上拖动光标与屋顶面线相交，拾取此点

指定下一点或 [放弃(U)]：    //单击鼠标右键，结束直线命令

命令：**_line**            //绘制 B 号定位轴线，如图 3.58 所示

指定第一点：           //锁定 A 轴线端点向右拖动光标，输入 3300，按【Enter】键

指定下一点或 [放弃(U)]：    //向上拖动光标与二层楼面线相交，拾取此点

指定下一点或 [放弃(U)]：    //单击鼠标右键，结束直线命令

……

以此画出各墙体的定位轴线，以及楼梯的起始位置线，并作适当修剪处理，如图 3.58 所示。

## 3. 绘制墙体、楼板和屋面板

墙体、楼板等构件可用 MLINE 多线命令或直线命令绘制。多线命令作图方法详见"建筑平面图的绘制"一节。其结果如图 3.59 所示。（注：本例中外墙厚为 360，内墙厚为 240，楼板厚为 120，楼梯休息平台板厚为 120。）

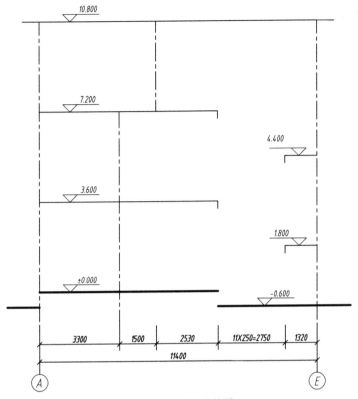

**图 3.58 绘制定位线**

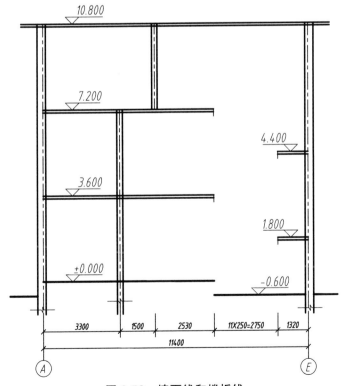

**图 3.59 墙面线和楼板线**

### 4. 绘制墙体上的门窗及过梁

建筑剖视图中门窗的绘制方法与建筑平面图中门窗的绘制方法相同。首先依据窗台和门窗高度尺寸，在墙体上开设门窗洞口，然后在门窗洞口处，用 INSERT 命令插入门窗图例符号，具体详见"建筑平面图的绘制"一节。墙面上的门窗绘制参见"建筑立面图的绘制"一节，门窗顶部上方的过梁、圈梁，可用 RECTANG 矩形命令绘制，并用 BHATCH 图案填充命令进行填充即可，最后结果如图 3.60 所示。（本例中门窗过梁高度为 150 mm，其余圈梁高为 300 mm。）

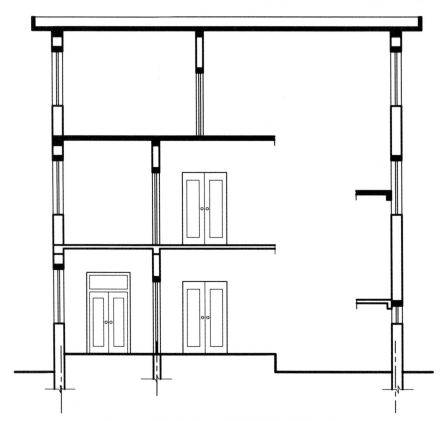

图 3.60　绘制墙体上门窗及门窗过梁和圈梁

### 5. 绘制楼梯

1）确定梯段起始端点

在绘制楼梯前，应首先确定两个梯段的起始端点 A 的位置，用户可查阅楼梯详图中梯段的定位尺寸（如休息平台宽），以及梯段水平投影长和休息平台、楼地面的标高，利用作辅助线来确定。为方便作图，应对楼梯部分作局部放大。

2）绘制楼梯步级

楼梯为双跑楼梯，每个梯段为 12 级，每个步级的踏面宽为 250 mm，踢面高为 150 mm。楼梯段由 12 个步级组成，绘制时可先用 PLINE 命令绘制一个步级，如图 3.61 所示，第一梯段的其他步级利用 COPY 命令复制生成。

置"粗实线"层为当前层，绘制楼梯的第一梯段（为剖切到的）。

命令：**_pline**      //绘制楼梯段第一个步级

指定起点：      //捕捉 A 点，如图 3.61 所示

指定下一个点或[圆弧(A)/半宽(H)/长度(L)/放弃(U)/宽度(W)]：**150**

         //待竖向追踪线出现，输入 150，按【Enter】键

指定下一点或[圆弧(A)/闭合(C)/半宽(H)/长度(L)/放弃(U)/宽度(W)]：**250**

         //待出现横向追踪线，输入 250，按【Enter】键

指定下一点或[圆弧(A)/闭合(C)/半宽(H)/长度(L)/放弃(U)/宽度(W)]：  //按【Enter】键

命令：**_copy**      //绘制梯段其余步级

选择对象：      //选择第一个步级

选择对象：      //按【Enter】键，或单击鼠标右键

当前设置： 复制模式 = 多个

指定基点或 [位移(D)/模式(O)] <位移>：   //捕捉 A 点，如图 3.61 所示

指定第二个点或 [退出(E)/放弃(U)] <退出>：   //捕捉对应点

……

完成第一梯段绘制，结果如图 3.62 所示。

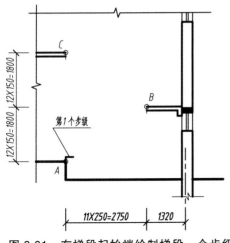

图 3.61　在梯段起始端绘制梯段一个步级

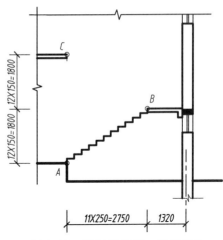

图 3.62　绘制楼梯第一梯段步级

置"中实线"层为当前层，用同样方法绘制第二梯段（为未剖切到的）。第二梯段也可以用 MIRROR 命令镜像复制生成，镜像轴线选择在休息平台上表面线，并修改它们的图层为"中实线"层。

命令：**_mirror**

选择对象：      //选择第一梯段全部对象

选择对象：      //按【Enter】键，或单击鼠标右键

指定镜像线的第一点：     //捕捉 B 点

指定镜像线的第二点：     //向右拖动光标出现横向追踪线，拾取一点

要删除源对象吗？[是(Y)/否(N)] <否>：N

完成底层两梯段步级，执行结果如图 3.63 所示。

3）绘制梯板和梯梁

用 LINE 命令绘制梯板辅助线，再用 OFFSET 命令偏移生成梯板下部轮廓线，楼梯梁用 RECTANG 矩形命令绘制，如图 3.64 所示。（本例中梯板厚为 100，梯梁为 250×300。）

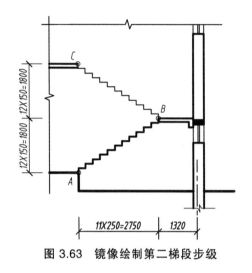

图 3.63 镜像绘制第二梯段步级

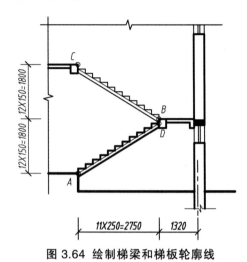

图 3.64 绘制梯梁和梯板轮廓线

命令：_rectang　　　　　　//单击功能区选项卡【默认】/【绘图】/【矩形】按钮▢
指定第一个角点或 [倒角(C)/标高(E)/圆角(F)/厚度(T)/宽度(W)]：//捕捉 B，如图 3.64
指定另一个角点或 [面积(A)/尺寸(D)/旋转(R)]：@250，−300

命令：_rectang　　　　　　//单击功能区选项卡【默认】/【绘图】/【矩形】按钮▢
指定第一个角点或 [倒角(C)/标高(E)/圆角(F)/厚度(T)/宽度(W)]：//捕捉 C，如图 3.64
指定另一个角点或 [面积(A)/尺寸(D)/旋转(R)]：@−250，−300

命令：_line　　　　　　　//绘制梯板辅助线，梯板厚度为 100 mm
指定第一点：　　　　　　//捕捉端点 A，如图 3.64 所示
指定下一点或 [放弃(U)]：　//捕捉端点 D
指定下一点或 [放弃(U)]：　//按【Enter】键

命令：_offset　　　　　　//绘制梯板线（梯板厚 100），如图 3.64 所示
当前设置：删除源 = 否，图层 = 源，OFFSETGAPTYPE=0
指定偏移距离或 [通过(T)/删除(E)/图层(L)] <1.0000>：100
选择要偏移的对象，或 [退出(E)/放弃(U)] <退出>：　//选择梯板辅助线
指定要偏移的那一侧上的点，或[退出(E)/多个(M)/放弃(U)] <退出>：
　　　　　　　　　　　　　　　　　　　//在梯板辅助线下侧拾取一点
指定要偏移的那一侧上的点，或 [退出(E)/多个(M)/放弃(U)] <退出>：//按【Enter】键
……

删除梯板辅助线，用 TRIM 命令修剪掉多余的图线，并用 BHATCH 图案填充命令填充被剖切到的楼梯段，添加底层楼梯间剖切到的分隔墙以及投影可见的台阶，结果如图 3.65 所示。二层楼梯剖面图可采用 COPY 命令复制生成。

4）绘制楼梯栏杆和扶手

楼梯扶手高 900 mm，是指步级踏面中点至扶手顶部的高度。绘制栏杆和扶手时，应先作出每个梯段两端的栏杆以及扶手断面（木扶断面尺寸 100×80），如图 3.66 所示。

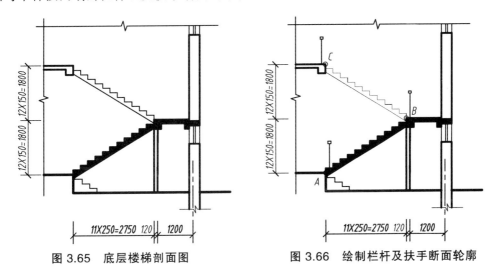

图 3.65　底层楼梯剖面图　　　　　图 3.66　绘制栏杆及扶手断面轮廓

用直线命令将梯段两侧扶手断面轮廓的上、下中点对应连线，画出如图 3.67 所示扶手。

栏杆样式通常属均布结构，可先用 LINE 命令绘制其中一个，然后用 COPY 命令进行多个复制，复制基点可选择踏面的中点，结果如图 3.68 所示。

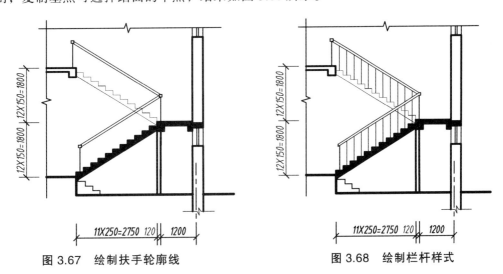

图 3.67　绘制扶手轮廓线　　　　　图 3.68　绘制栏杆样式

## 6. 绘制屋顶及其他建筑构件

屋顶两端檐口被剖切到的部分结构相同，其尺寸可查阅外墙剖面节点详图（本例中挑檐飘出外墙面 700，高为 440）。檐口图形部分可用 LINE 命令绘制其中一端，另一端利用 MIRROR 命令镜像复制生成。

置"中实线"为当前层，用直线命令画出前端面处的台阶。置"细实线"为当前层，用直线命令绘制墙体上的踢脚板。完成建筑剖面图的图形部分，结果如图 3.69 所示。

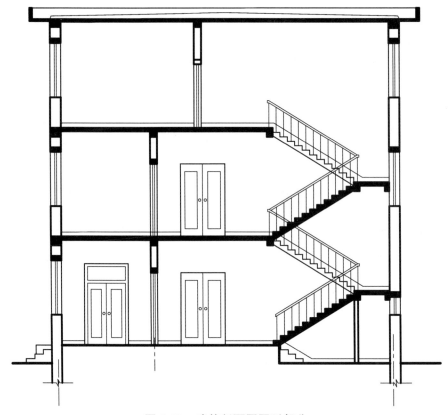

图 3.69　建筑剖面图图形部分

## 7. 标注尺寸

建筑剖面图一般应标注出被剖切到的内墙上的门窗位置尺寸，以及被剖切到的外墙上的三道尺寸。最靠近外墙的一道是门窗细部尺寸；中间一道是层高尺寸；最外侧一道是室外地面至建筑物顶部的总高尺寸。标注方法见"建筑平面图的绘制"一节。

除上述尺寸外，还有建筑物各部位的标高尺寸，如室外地坪标高、室内楼高、地面标高、楼梯休息平台标高等。有关标高尺寸标注、定位轴线编号等方法详见"建筑平面图的绘制"一节，结果如图 3.56 所示。

# 实例四　楼层结构平面布置图

房屋的建筑外形、房间的布局、建筑构造以及内外部的装修通过房屋的建筑施工图表达，而组成房屋的各种承重构件通过结构设计并将设计结果通过相应的图样来表达，以满足施工要求，这类图样就是结构施工图。

结构施工图主要包括结构设计说明（主要说明建筑的基本情况，如结构形式、抗震设防烈度、房屋所在位置的地质情况、选用材料情况等）、结构平面布置图（如基础平面图、楼层结构布置平面图、屋面结构布置平面图等）和各种承重构件详图（如梁、板、柱、基础结构详图、楼梯结构详图、屋面结构详图等）。在绘制和阅读结构施工图时，应掌握施工图的图示内容、图示方法和图示特点，以及结构设计规范。在本例中，我们结合某房屋楼层结构布置平面图实例，介绍 AutoCAD 软件绘制过程的步骤与技巧。

楼层结构平面布置图用来表示建筑物每层的梁、板、柱、墙等承重构件的平面布置，或现浇楼板的构造、配筋以及它们之间的结构关系，为现场安装构件或制作构件提供施工依据。各类承重构件均按国标要求，用图例和代号来表示，并对各类承重构件进行标注。

为了突出承重构件的布置情况，楼层结构布置平面图中可见的混凝土楼板的轮廓线用细实线（0.25$b$）表示；剖切到的墙体轮廓线用中实线（0.5$b$）表示；楼板下部不可见的墙体轮廓线用中虚线（0.5$b$）表示；剖切到的混凝土柱的断面用涂黑表示。当绘图比例大于 1：50 时，楼层结构布置平面图中现浇板部分可直接在板中绘制配筋图；当绘图比例小于 1：100 时，可在现浇板处标记板的代号，并在其他图纸中以放大比例绘制该板的配筋图。

下面以图 3.70 所示的楼层结构平面布置图为例，说明其绘制方法与技巧。

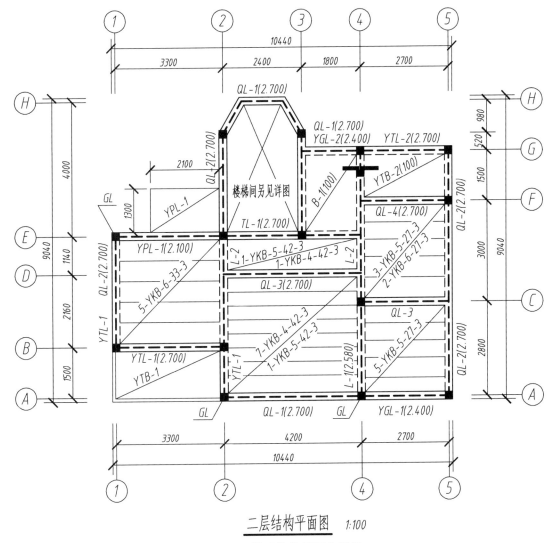

二层结构平面图 1:100

图 3.70　楼层结构平面布置图

## 1. 设置作图环境

有关绘图单位、图形界限、线型比例和文字样式的设置方法，请参见"建筑平面图的绘制"一节，此处不再赘述。在本例中，楼层结构平面布置图的图层规划设置如图 3.71 所示。

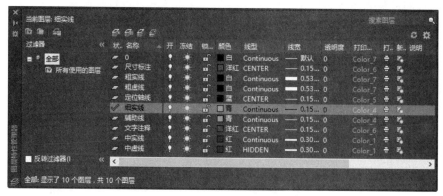

图 3.71　楼层结构平面图图层设置

## 2. 绘制定位轴线网

置"定位轴线"层为当前层，并依据定位轴线尺寸，用直线 LINE、偏移 OFFSET 等命令依次作出全部定位轴线，具体作图方法参见"建筑平面图的绘制"一节，结果如图 3.72 所示。

## 3. 绘制墙身、构造柱、阳台板和雨篷

置"中实线"为当前层，先设置多线样式，然后用 MLINE 命令绘制墙体线，并用 MLEDIT 多线编辑命令对墙体各角点进行编辑，具体方法见"建筑平面图的绘制"一节。

用 EXPLODE 命令将多线分解为 LINE 线段，以方便后续编辑。对砖混结构房屋，位于楼板下面的墙体不可见，应画虚线，可用 PROPERTIES 命令修改其所在图层为"中虚线"，结果如图 3.73 所示。

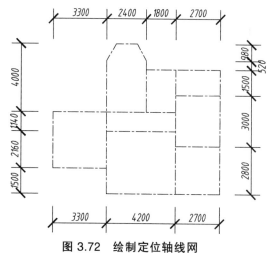

图 3.72　绘制定位轴线网

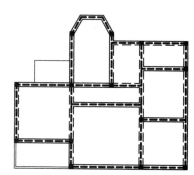

图 3.73　绘制墙身、构造柱、阳台板和雨篷

置"柱"层为当前层，用 RECTANG 命令绘制柱子的矩形断面轮廓，并用 BHATCH 命令填充为黑色，结果如图 3.73 所示。

### 4. 标注预制板及其他构件

置"文字注释"为当前层，用 MTEXT 命令注释预制板、梁、圈梁、构造柱等的代号。

由于结构平面布置图中涉及的构件种类繁多，为提高文本标注速度，可用 MTEXT 命令先标注其中一种构件的代号，其他构件的代号利用 COPY、DDEDIT 命令复制后修改代号内容即可；对于各房间内的预制板构件代号标注，可先用 MTEXT 命令水平书写，然后用 ROTATE 旋转命令将其旋转至与对角线方向平行，在输入旋转角度时，可通过拾取该房间对角线上两个端点来确定，最后用 MOVE 移动命令将其移至对角线的斜上方或斜下方，结果如图 3.74 所示。

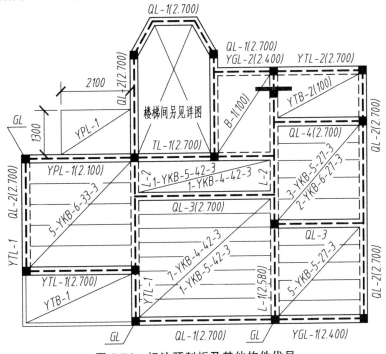

**图 3.74 标注预制板及其他构件代号**

### 5. 标注尺寸及定位轴线编号

楼层结构布置平面图的尺寸包括定位轴线间尺寸和外包尺寸，其标注方法和定位轴线编号方法详见"建筑平面图的绘制"一节，结果如图 3.70 所示。

# 实例五 构件详图的绘制——梁

各类承重构件通过结构平面布置图表明其位置，而它们的形状、大小、材料、构造和连接情况等（除定型构件外），均需分别绘制构件详图用于指导施工。房屋的各类承重构件大多数是采用混凝土构件，如各种梁、板、柱、基础等。

构件配筋图由立面图和断面图组成，立面图主要表示构件的形状、大小以及钢筋的位置；断面图主要表示构件断面形状、尺寸、箍筋的形式以及钢筋的位置，断面图的剖切位置应设置在构件内钢筋布置发生变化处。通常断面图的绘图比例要比立面图的大 1 倍。在 AutoCAD 中要实现在同一张图纸内输出不同比例的图样，需借助 AutoCAD 的布局，相关知识将在"实验五　AutoCAD 图样的打印输出"中介绍。

　　为了突出钢筋混凝土构件中钢筋的配置，钢筋用粗实线绘制，钢筋断面用小黑点表示，而构件轮廓线用细实线绘制。下面以图 3.75 所示的主梁配筋图为例来说明其绘制方法与画图步骤。

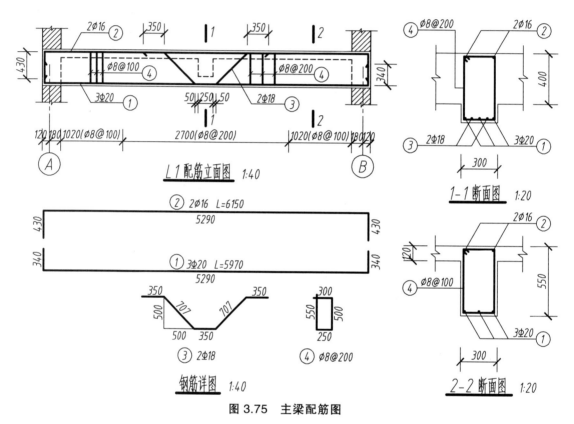

图 3.75　主梁配筋图

## 1. 设置作图环境

　　打开 AutoCAD 2018 软件，选择"acadISO-Mamed Plot Styles.dwt"样板文件启动系统。有关绘图单位、图形界限、线型比例、文字样式的设置，参见"建筑平面图的绘制"一节。本例中梁的配筋图的图层规划如图 3.76 所示。

## 2. 绘制梁的立面图

　　置"定位轴线"为当前层，用 LINE 命令绘制梁两端的定位轴线。

　　置"细实线"为当前层，用 RECTANG 矩形命令绘制梁的外形轮廓线。

　　置"虚线"为当前层，用 LINE 命令绘制楼板底面线和次梁轮廓线。

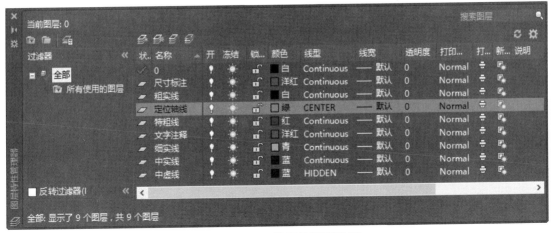

图 3.76　梁配筋图的图层设置

　　置"粗实线"为当前层，按结构设计规范，梁受力筋的保护层为 25 mm，用 OFFSET 命令将构件轮廓线偏移钢筋保护层厚度复制生成，并对其作必要的编辑修改形成钢筋图线；为表明构件中钢筋的起始端点位置，规定光圆钢筋需制作半圆形弯钩或直钩，而带肋钢筋无须制作弯钩，但在图中需用绘制 45° 方向的斜短线表明钢筋的起始端。

　　置"尺寸标注"为当前层，设置尺寸样式为 GB40，方法参见"建筑平面图的绘制"一节。应注意的是，立面图输出比例为 1∶40，故在"调整"选项卡中，设置"使用全局比例"为 40，并用尺寸标注命令标注梁的尺寸和钢筋弯起位置的尺寸。

　　注释钢筋尺寸及编号，如 3Φ20 表示 3 根 Ⅱ 级钢筋，公称直径为 20 mm；Φ8@200 表示公称直径为 8 mm 的 Ⅰ 级钢筋，钢筋中心距为 200 mm。这些尺寸可用 TEXT、MTEXT 命令进行书写，其中钢筋级别符号可利用图块技术处理，以提高绘图效率，钢筋编号可采用属性图块技术处理，作图方法与定位轴线编号绘制方法相同，其中引出线用 LINE 命令绘制，钢筋编号圆圈直径为 6 mm。应注意的是，圆圈直径和数字的高度值要按图形输出比例的倒数放大，即圆圈直径为 6×40 mm；数字高度为 2.5×40 mm。

　　置"文字注释"为当前层，用 MTEXT 命令书写名称及绘图比例。应注意的是，图名的字高应按该图样输出比例的倒数放大设置。

### 3. 绘制断面图

　　在构件中钢筋布置发生变化前后处，应绘制相应的 1 – 1 断面图和 2 – 2 断面图，以表明钢筋位置变化情况，但由于主梁的长度尺寸远远大于主梁的横断面尺寸，因此主梁断面图的绘图比例要比立面图放大 1 倍。为了方便作图及尺寸标注，在绘制主梁的断面图时应按 1∶1 作图。为提高绘图效率，用户可先详细作出 1 – 1 断面图，然后将 1 – 1 断面图复制一个副本，并对该副本作相应的修改，使其形成 2 – 2 断面图。断面图的作图方法、尺寸标注、钢筋标注与立面图方法一样。

　　应注意的是，在标注断面图尺寸时，必须另建一个尺寸标注样式——GB20，在"调整"选项卡中，设置"使用全局比例"为 20。同样，标注钢筋时，文本的高度值要按图形输出比例的倒数放大，即 2.5×20 = 50。

### 4. 绘制钢筋详图

由于钢筋详图的绘图比例与立面图的绘图比例相同，因此可利用 COPY 命令将立面图中不同编号的钢筋复制到立面图的下部位置，并用 TEXT、MTEXT 命令对钢筋进行标注。

通过上述过程绘制的构件主梁配筋图，作图结果如图 3.77 所示。由于在模型空间作图是按 1：1 进行的，故断面图部分的图形在屏幕上显示非常小，要输出图 3.75 所示的图形，需利用 AutoCAD 的布局，通过在布局中创建多个视口，并设置各视口比例。相关内容见"实验五　AutoCAD 图样的打印输出"。

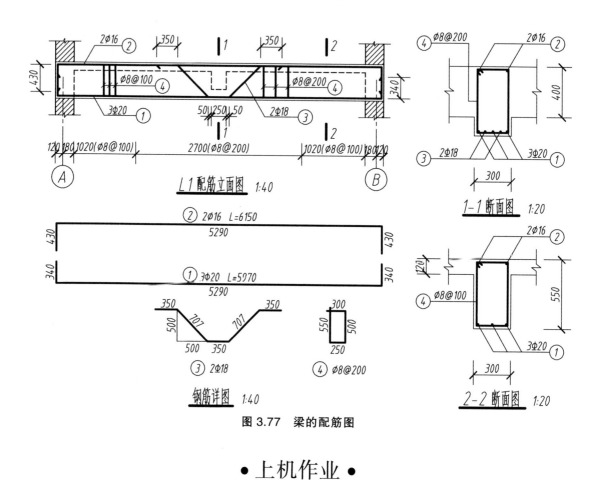

图 3.77　梁的配筋图

## ● 上机作业 ●

1. 用 A3 幅面绘制某建筑物的底层平面图，如题图 3.1 所示（注：图形输出比例为 1：100）。
2. 绘制某建筑物的建筑立面图，如题图 3.2 所示（注：输出比例为 1：100）。

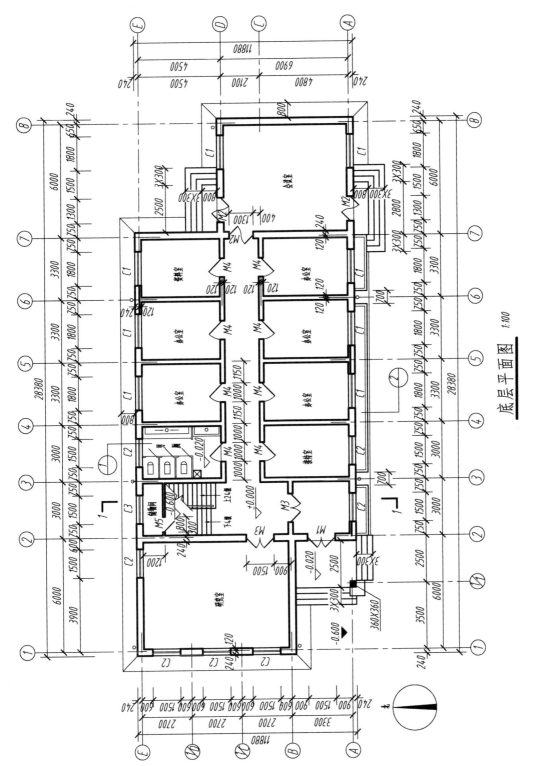

底层平面图 1:100

题图 3.1 底层平面图

101

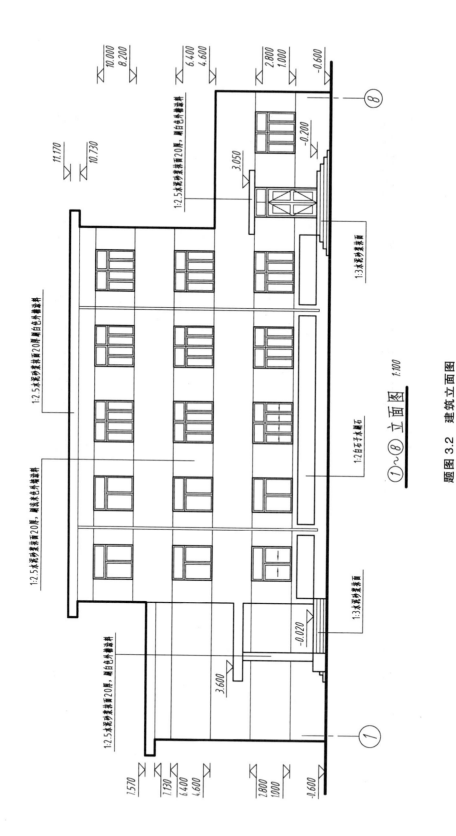

①～⑧ 立面图 1:100

题图 3.2 建筑立面图

102

3. 绘制某建筑物的 1 – 1 剖面图，如题图 3.3 所示（注：输出比例为 1∶100）。

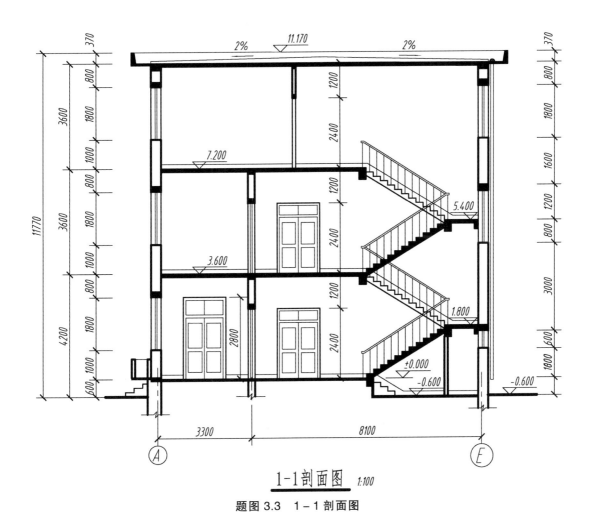

## 1-1剖面图 1:100

题图 3.3  1 – 1 剖面图

4. 用 A3 幅面绘制某单层建筑的平面图、立面图和 1 – 1 剖视图，如题图 3.4 所示（注：屋面板厚 100 mm，屋面板飘出外墙 300 mm，墙厚 240 mm，绘图输出比例均为 1∶100）。

5. 用 A2 幅面绘制楼梯详图，如题图 3.5 所示（注：楼梯平面图和楼梯剖面图的输出比例为 1∶50，踏步节点详图和 1 – 1 断面图为 1∶20，踏步防滑条详图为 1∶5，扶手断面图为 1∶2）。

6. 用 A3 幅面绘制 L1 主梁的配筋图，如题图 3.6 所示（注：梁的钢筋保护层为 25 mm。梁的立面图输出比例为 1∶30，断面图为 1∶15）。

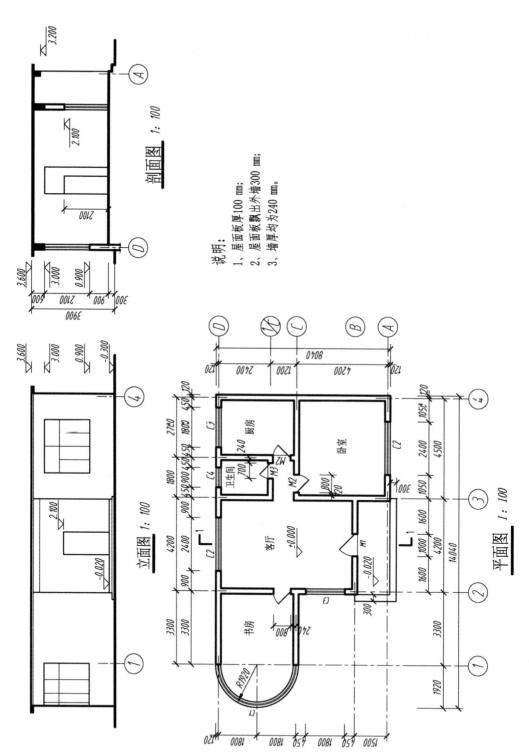

剖面图 1:100

立面图 1:100

平面图 1:100

说明：
1、屋面板厚100 mm；
2、屋面板挑出外墙300 mm；
3、墙厚均为240 mm。

题图 3.4　单层房屋图

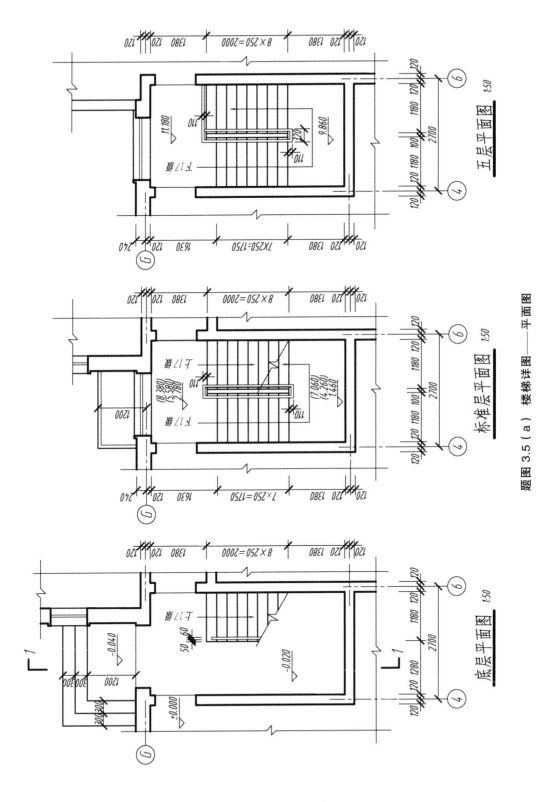

五层平面图 1:50

标准层平面图 1:50

底层平面图 1:50

题图 3.5（a） 楼梯详图——平面图

105

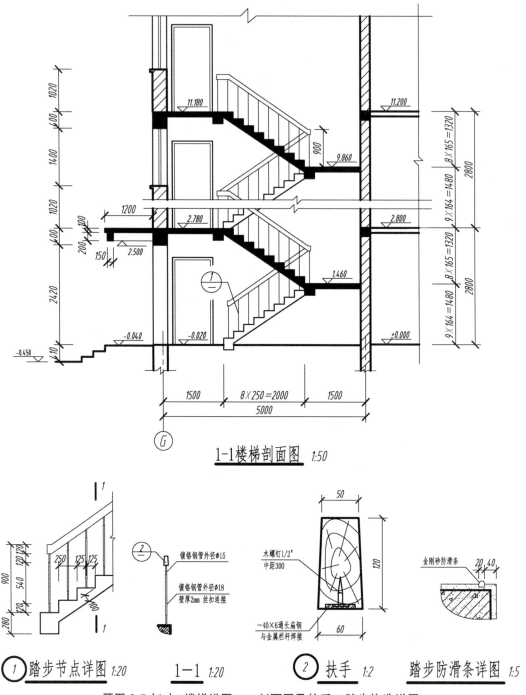

## 1-1楼梯剖面图 *1:50*

① 踏步节点详图 *1:20*　　1-1 *1:20*　　② 扶手 *1:2*　　踏步防滑条详图 *1:5*

题图 3.5（b） 楼梯详图——剖面图及扶手、踏步构造详图

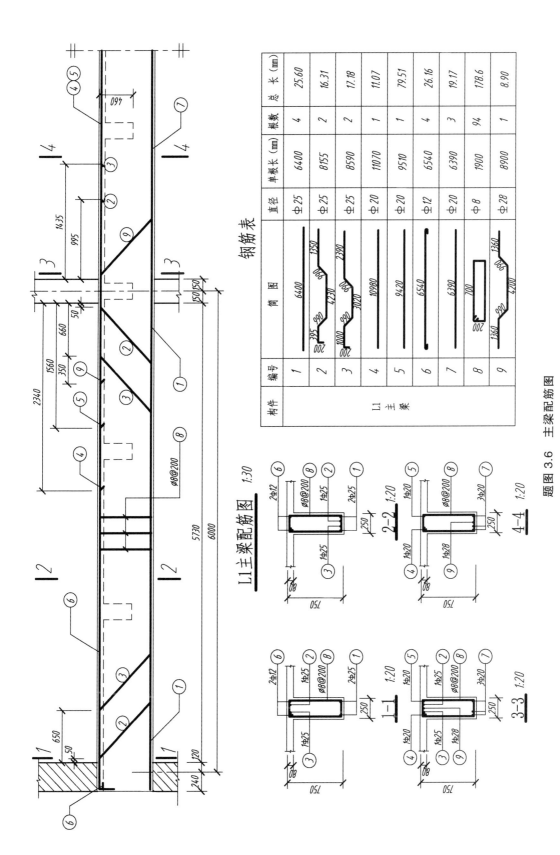

钢 筋 表

| 构件 | 编号 | 简 图 | 直径 | 单根长 (mm) | 根数 | 总 长 (mm) |
|---|---|---|---|---|---|---|
| L1主梁 | 1 | 6400 | Φ25 | 6400 | 4 | 25.60 |
| | 2 | 1350 4230 860 3020 395 1000 200 | Φ25 | 8155 | 2 | 16.31 |
| | 3 | 2390 860 200 | Φ25 | 8590 | 2 | 17.18 |
| | 4 | 10980 | Φ20 | 11070 | 1 | 11.07 |
| | 5 | 9420 | Φ20 | 9510 | 1 | 79.51 |
| | 6 | 6540 | Φ12 | 6540 | 4 | 26.16 |
| | 7 | 6390 | Φ20 | 6390 | 3 | 19.17 |
| | 8 | 700 200 | Φ8 | 1900 | 94 | 178.6 |
| | 9 | 1360 860 4200 1360 | Φ28 | 8900 | 1 | 8.90 |

题图 3.6　主梁配筋图

107

# 实验四　机件实体造型技术与常用表达方法

实验目的与要求：

① 学习观察三维模型的方法；

② 掌握基本三维实体绘图命令及编辑命令的使用方法；

③ 正确使用 UCS 创建三维实体模型；

④ 了解由三维实体模型自动生成二维工程视图的方法与技巧。

## 实例一　绘制支承座实体模型

图 4.1 所示为支承座实体模型，该零件可分解为底板、支承板、两正交空心圆柱和肋板 4 个基本形体。下面介绍具体绘图步骤。

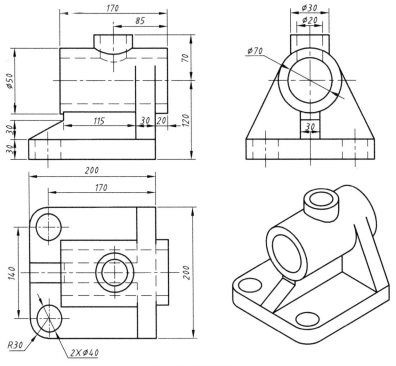

**图 4.1　支承座**

## 1. 创建图层

在状态栏中单击【切换工作空间】按钮🌣▾，在弹出的菜单中选择【三维建模】菜单项即可进入 AutoCAD【三维建模】工作空间。

使用 LAYER 命令（对应功能区【常用/图层/图层特性管理器】按钮🗏），创建两个新的图层，其中 0 层用于绘制底板和支承板，1 层用于绘制水平空心圆柱和垂直空心圆柱，2 层用于绘制肋板，设 0 层为当前层，各层的颜色自定。

## 2. 绘制底板

支承座底板如图 4.2 所示，绘图步骤如下：

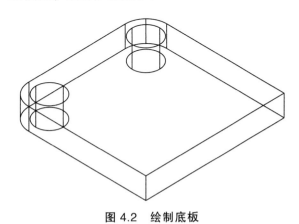

**图 4.2　绘制底板**

命令：**_box**　　　　　　　//点击功能区【常用/建模/长方体】按钮🗖
指定第一个角点或 [中心(C)]：**0，0**　　　　　　　//取原点为第一角点
指定其他角点或 [立方体(C)/长度(L)]：**200，200**　//长方体底面对角点 X、Y 坐标
指定高度或 [两点(2P)]：30　　　　　　　　　//长方体的高
命令：**_view**　　　　//点击功能区【常用/视图/东南等轴测】按钮◉
输入选项[?/删除(D)/正交(O)/恢复(R)/保存(S)/设置(E)/窗口(W)]：**_swiso**
正在重生成模型。
命令：**_cylinder**　　//点击功能区【常用/建模/圆柱体】按钮🗖
指定底面的中心点或 [三点(3P)/两点(2P)/相切、相切、半径(T)/椭圆(E)]：**30，30**
　　　　　　　　　　　　　　　　　　　　　　//圆柱底面圆心坐标
指定底面半径或 [直径(D)]：**20**　　　　　　　//圆柱半径
指定高度或 [两点(2P)/轴端点(A)] <30.0000>：**30**　//圆柱高度
命令：**_copy**　　　　　　//点击功能区【常用/修改/复制】按钮🗐
选择对象：找到 1 个　//选择刚才绘制的圆柱
选择对象：　　　　　//按【Enter】键
当前设置：复制模式 = 多个
指定基点或 [位移(D)/模式(O)] <位移>：　　　　　　//任取一点
指定位移的第二点或<使用第一个点作为位移>：**@0，140**　//两圆柱圆心的相对坐标

109

指定第二个点或 [退出(E)/放弃(U)] <退出>：

命令：_subtract          //点击功能区【常用/实体编辑/差集】按钮◎

选择要从中减去的实体或面域...

选择对象：          //选取长方体

找到 1 个

选择对象：          //按【Enter】键，结束对象选择

选择要减去的实体或面域...

选择对象：          //选取圆柱

找到 1 个

选择对象：          //选取另一个圆柱

找到 1 个，总计 2 个

选择对象：          //按【Enter】键，结束对象选择

命令：_fillet          //点击功能区【常用/修改/圆角】按钮

当前设置：模式 = 修剪，半径 = 0.0000

选择第一个对象或 [放弃(U)/多段线(P)/半径(R)/修剪(T)/多个(M)]：      //选取长方体上要
　　　　　　　　　　　　　　　　　　　　　　　　　　　　　　　　　圆角的边

输入圆角半径：**30**          //输入圆角半径

选择边或 [链(C)/半径(R)]：      //选取长方体上要圆角的另一条边

选择边或 [链(C)/半径(R)]：      //按【Enter】键结束对象选择

已选定 2 个边用于圆角。

命令：_vscurrent          //点击功能区【常用/视图/概念】按钮

输入选项 [二维线框(2)/三维线框(3)/三维隐藏(H)/真实(R)/概念(C)/其他(O)] <概念>：_C

## 3. 绘制支承板

命令：_vscurrent          //点击功能区【常用/视图/线框】按钮

输入选项 [二维线框(2)/三维线框(3)/三维隐藏(H)/真实(R)/概念(C)/其他(O)] <三维线框>：_3

命令：_ucs          //点击功能区【常用/坐标/三点】按钮

当前 UCS 名称：*世界*

指定 UCS 的原点或 [面(F)/命名(NA)/对象(OB)/上一个(P)/视图(V)/世界(W)/X/Y/Z/Z 轴(ZA)] <世界>：_3

指定新原点 <0, 0, 0>：          //捕捉作底板右端面底边中点 P1，如图 4.3 所示

在正 X 轴范围上指定点 <201.0000, 100.0000, 0.0000>：          //捕捉中点 P2

在 UCS XY 平面的正 Y 轴范围上指定点 <200.0000, 101.0000, 0.0000>：//捕捉端点 P3

命令：_circle          //点击功能区【常用/绘图/画圆】按钮

指定圆的圆心或 [三点(3P)/两点(2P)/相切、相切、半径(T)]：120, 0

指定圆的半径或 [直径(D)]：50

命令：_line          //点击功能区【常用/绘图/直线】按钮

指定第一点：          //捕捉端点 P4 点

指定下一点或 [放弃(U)]： //捕捉到圆的切点 P5 点
指定下一点或 [放弃(U)]：

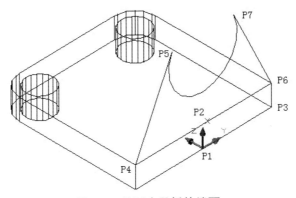

图 4.3　绘制支承板的端面

命令：_line　　　　　//同理画直线 P6P7
命令：_trim　　　　　//点击功能区【常用/修改/修剪】按钮
视图与 UCS 不平行。命令的结果可能不明显。
当前设置：投影=UCS 边=延伸
选择剪切边 …
选择对象：　　　　　//选取直线 P4P5
找到 1 个
选择对象：　　　　　//选取直线 P6P7
找到 1 个，总计 2 个
选择对象：　　　　　//按【Enter】键，结束对象选择
选择要修剪的对象，或按住【Shift】键选择要延伸的对象，或[栏选(F)/窗交(C)/投影(P)/边(E)/删除(R)/放弃(U)]：　　　　　//选取要被修剪圆弧
选择要修剪的对象，或按住【Shift】键选择要延伸的对象，或[栏选(F)/窗交(C)/投影(P)/边(E)/删除(R)/放弃(U)]：　　　　　//按【Enter】键，结束对象选择
命令：_line　　　　　//点击功能区【常用/绘图/直线】按钮
指定第一点：　　　　　//捕捉端点 P4
指定下一点或 [放弃(U)]：　　　　　//捕捉端点 P6
指定下一点或 [放弃(U)]：
命令：_region　　　　　//点击功能区【常用/绘图/面域】按钮
选择对象：找到 1 个　　　　　//分别选取三条直线和圆弧组成一个面域
选择对象：找到 1 个，总计 2 个
选择对象：找到 1 个，总计 3 个
选择对象：找到 1 个，总计 4 个
选择对象：
已提取 1 个环
已创建 1 个面域

111

命令：**_extrude**　　　//点击功能区【常用/建模/拉伸】按钮▣

当前线框密度：　ISOLINES=4

选择对象：　　　　　//选取刚创建的面域

找到 1 个

选择对象：　　　　　//按【Enter】键，结束对象选择

指定拉伸的高度或 [方向(D)/路径(P)/倾斜角(T)] <30.0000>：**30**

### 4. 绘制两垂直相交的空心圆柱

命令：**_layer**　　　//设置 1 层为当前层

命令：**_cylinder**　　//点击功能区【常用/建模/圆柱体】按钮▣，画水平大圆柱

当前线框密度：　ISOLINES=4

指定底面的中心点或 [三点(3P)/两点(2P)/相切、相切、半径(T)/椭圆(E)]：**120，0，－20**

指定底面半径或 [直径(D)]：**50**

指定高度或 [两点(2P)/轴端点(A)] <30.0000>：**170**

命令：**_cylinder**　　//点击功能区【常用/建模/圆柱体】按钮▣，画水平穿孔圆柱

当前线框密度：　ISOLINES=4

指定底面的中心点或 [三点(3P)/两点(2P)/相切、相切、半径(T)/椭圆(E)]：**120，0，－20**

指定底面半径或 [直径(D)]：**35**

指定高度或 [两点(2P)/轴端点(A)] <170.0000>：**170**

命令：**_ucs**　　//点击功能区【常用/坐标/Y】按钮▣，设置用户坐标系如图 4.4 所示

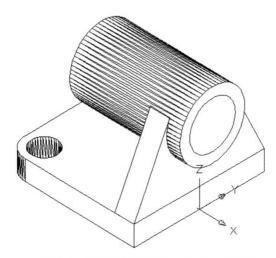

**图 4.4　设置绘制垂直圆柱的用户坐标系**

当前 UCS 名称：*没有名称*

指定 UCS 的原点或 [面(F)/命名(NA)/对象(OB)/上一个(P)/视图(V)/世界(W)/X/Y/Z/Z 轴(ZA)] <世界>：**_y**

指定绕 Y 轴的旋转角度 <90>：　　　　//按【Enter】键，即指定绕 Y 轴的旋转角度为 90°

命令：**_cylinder**　　　　//点击功能区【常用/建模/圆柱体】按钮▣，画垂直大圆柱

指定底面的中心点或 [三点(3P)/两点(2P)/相切、相切、半径(T)/椭圆(E)]：**－65，0，190**

指定底面半径或 [直径(D)] <35.0000>：**30**

指定高度或 [两点(2P)/轴端点(A)] <170.0000>：**－70**

命令：**_cylinder**　　　　　　//点击功能区【常用/建模/圆柱体】按钮▢，画垂直穿孔圆柱

当前线框密度：ISOLINES=4

指定底面的中心点或 [三点(3P)/两点(2P)/相切、相切、半径(T)/椭圆(E)]：**－65，0，190**

指定底面半径或 [直径(D)] <30.0000>：**20**

指定高度或 [两点(2P)/轴端点(A)] <-70.0000>：**－70**

命令：**_union**　　　　　//点击功能区【常用/实体编辑/并集】按钮◎◎

选择对象：　　　　　//选取水平大圆柱

找到 1 个

选择对象：　　　　　//选取垂直大圆柱

找到 1 个，总计 2 个

选择对象：　　　　　//按【Enter】键，结束对象选择

命令：**_subtract**　//点击功能区【常用/实体编辑/差集】按钮◎◎

选择要从中删除的实体或面域…

选择对象：L　　　//选取两正交的圆柱，即刚才做并运算的实体

找到 1 个

选择对象：　　　　　//按【Enter】键，结束对象选择

选择要删除的实体或面域…

选择对象：　　　　　//选取水平穿孔圆柱，即水平小圆柱

找到 1 个

选择对象：　　　　　//选取垂直穿孔圆柱，即垂直小圆柱

找到 1 个，总计 2 个

选择对象：　　　　　//按【Enter】键，结束对象选择

命令：**_vscurrent**　　//点击功能区【常用/视图/概念】按钮▨

输入选项 [二维线框(2)/三维线框(3)/三维隐藏(H)/真实(R)/概念(C)/其他(O)] <三维线框>：**_C**


## 5. 绘制肋板

命令：**_layer**　　　　//关闭 1 层，并设置 2 层为当前层

命令：**_view**　　　　　　//点击功能区【常用/视图/西南等轴测】按钮▨

输入选项 [?/删除(D)/正交(O)/恢复(R)/保存(S)/设置(E)/窗口(W)]：**_swiso**

命令：**_vscurrent**　　　//点击功能区【常用/视图/线框】按钮▨

输入选项 [二维线框(2)/三维线框(3)/三维隐藏(H)/真实(R)/概念(C)/其他(O)] <概念>：**_3**

命令：**_ucs**　　　　//点击功能区【常用/坐标/三点】按钮▨

当前 UCS 名称：*没有名称*

指定 UCS 的原点或 [面(F)/命名(NA)/对象(OB)/上一个(P)/视图(V)/世界(W)/X/Y/Z/Z 轴(ZA)] <世界>：**_3**

指定新原点 <0，0，0>：                    //如图 4.5 所示，捕捉左端面支承板底边中点 M1
在正 X 轴范围上指定点 <-29.0000，0.0000，30.0000>：              //捕捉端点 M2
在 UCS XY 平面的正 Y 轴范围上指定点 <-29.0000，0.0000，30.0000>：//捕捉支承板左
                                                              端面圆弧中点 M3

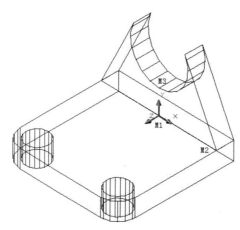

**图 4.5　设置绘制肋板的用户坐标系**

命令：**_layer**            //关闭 0 层
命令：**_circle**           //点击功能区【常用/绘图/画圆】按钮 ⊚
指定圆的圆心或 [三点(3P)/两点(2P)/相切、相切、半径(T)]：**0，90**
指定圆的半径或 [直径(D)] <50.0000>：**50**
命令：**_line**             //点击功能区【常用/绘图/直线】按钮 ╱
指定第一点：**15，0**
指定下一点或 [放弃(U)]：//鼠标向上移动，捕捉垂直虚线与圆交点
指定下一点或 [放弃(U)]：
命令：**_line**             //点击功能区【常用/绘图/直线】按钮 ╱
指定第一点：**－15，0**
指定下一点或 [放弃(U)]：//鼠标向上移动，捕捉垂直虚线与圆交点
指定下一点或 [放弃(U)]：
命令：**_trim**             //以这两条直线为剪切边，修剪多余的圆弧线，结果如图 4.6
视图与 UCS 不平行。命令的结果可能不明显。
当前设置：投影=UCS，边=延伸
选择剪切边...
选择对象：找到 1 个
选择对象：找到 1 个，总计 2 个          **图 4.6　肋板右端面图形**
选择对象：            //按【Enter】键，结束剪切边的选择
选择要修剪的对象，或按住【Shift】键选择要延伸的对象，或[栏选(F)/窗交(C)/投影(P)/
边(E)/删除(R)/放弃(U)]：//选择要被修剪的圆弧
选择要修剪的对象，或按住 Shift 键选择要延伸的对象，或[栏选(F)/窗交(C)/投影(P)/边

(E)/删除(R)/放弃(U)]:    //按【Enter】键

  命令：_line     //点击功能区【常用/绘图/直线】按钮✎

  指定第一点：－15，0

  指定下一点或 [放弃(U)]：15，0

  指定下一点或 [放弃(U)]：

  命令：_region   //点击功能区【常用/绘图/面域】按钮◎

  选择对象：   //选取三条直线和一段圆弧，组成一个面域

  指定对角点：找到 4 个

  选择对象：

  已提取 1 个环

  已创建 1 个面域

  命令：_extrude   //点击功能区【常用/建模/拉伸】按钮▥

  当前线框密度： ISOLINES=4

  选择对象：   //选取刚创建的面域

  找到 1 个

  选择对象：   //按【Enter】键

  指定拉伸的高度或 [方向(D)/路径(P)/倾斜角(T)] <-70.0000>：115

  命令：_layer   //打开 0 层

  命令：_ucs    //点击功能区【常用/坐标/三点】按钮⌙

  当前 UCS 名称：*没有名称*

  指定 UCS 的原点或 [面(F)/命名(NA)/对象(OB)/上一个(P)/视图(V)/世界(W)/X/Y/Z/Z 轴(ZA)] <世界>：_3

  指定新原点 <0，0，0>：  //如图 4.7 所示，捕捉端点 N1

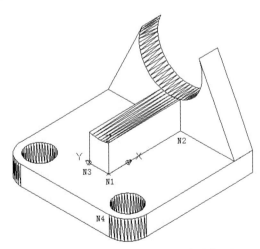

**图 4.7 设置绘制肋板的用户坐标系**

  在正 X 轴范围上指定点 <16.0000，0.0000，115.0000>： //捕捉端点 N2

  在 UCS XY 平面的正 Y 轴范围上指定点<15.0000，1.0000，115.0000>：//捕捉端点 N3

命令：**_wedge**　　//点击功能区【常用/建模/楔体】按钮◿

指定第一个角点或 [中心(C)]：　//捕捉端点 N3

指定其他角点或 [立方体(C)/长度(L)]：**x**

于　　　　　　　　　//捕捉端点 N4

(需要 YZ)：　　　　//捕捉端点 N1

指定高度或 [两点(2P)] <115.0000>：30

命令：**_union**　　//将拉伸体和楔体合并为肋板

选择对象：all

找到 5 个，总计 5 个

选择对象：　　　　//按【Enter】键

# 实例二　由支承座实体模型生成三视图

本实验实例一创建了支承座实体模型，假设经【并运算】后的支承座实体模型是在 0 层，1、2 层没有任何图形实体。由实体模型生成三视图的参考步骤如下：

## 1. 设置图幅

选择【插入/布局/来自样板的布局】菜单命令，打开【从文件件选择样板】对话框，如图 4.8 所示，选择【Gb-a3…】样板文件，单击【打开】按钮，即可打开【插入布局】对话框，单击该对话框中的【确定】按钮即可插入【Gb A3 标题栏】布局。

**图 4.8　选择样板文件对话框**

单击【Gb A3 标题栏】布局标签，点击【视图（V）/缩放（Z）/全部（A）】菜单，将"图框_视口"层的锁打开，关闭样板文件自带的其他图层（"图框_视口"仍打开），删除缺省的视口（视口对象的选择应选视口边框，必须是在图纸空间完成此操作），再将所有图层打开，并将"图框_视口"层设置为当前层。

## 2. 在图纸空间创建 4 个浮动视口

命令：**vports**　　　　//对应【视图（V）/视口（V）/4 个视口（4）】菜单项）

指定视口的角点或 [开(ON)/关(OFF)/布满(F)/着色打印(S)/锁定(L)/对象(O)/多边形(P)/恢复(R)/图层(LA)/2/3/4] <布满>：**4**

指定第一个角点或 [布满(F)] <布满>：　　　　//取 A 点，如图 4.9 所示

指定对角点：　　　　　　　　　　　　//取 B 点，如图 4.9 所示

正在重生成模型。

创建 4 个视口后，删除右下角视口（与标题栏重叠的视口删除），结果如图 4.9 所示。

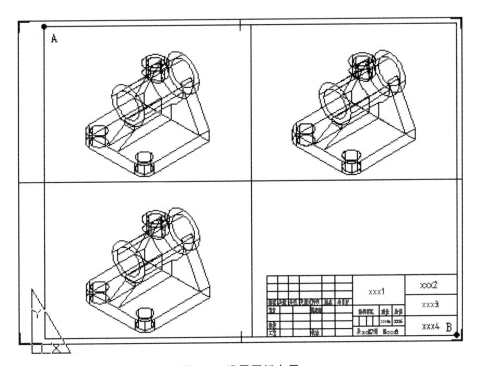

图 4.9　设置图纸布局

## 3. 改变视点方向，生成所需的三视图

命令：**_mspace**　　　//双击左上角视口，转向浮动模型空间

命令：**_view**　　　　//选择左上角主视图视口，点击功能区【常用/视图/前视】按钮

输入选项 [?/删除(D)/正交(O)/恢复(R)/保存(S)/设置(E)/窗口(W)]：**_front**

命令：**_view**　　　　//选择左下角俯视图视口，点击功能区【常用/视图/俯视】按钮

输入选项 [?/删除(D)/正交(O)/恢复(R)/保存(S)/设置(E)/窗口(W)]：**_top**

命令：**_view**　　　　//选择右上角左视图视口，点击功能区【常用/视图/左视】按钮

输入选项 [?/删除(D)/正交(O)/恢复(R)/保存(S)/设置(E)/窗口(W)]：**_left**

### 4. 设置各视口的绘图比例，并对齐各视图

如图 4.10 所示，利用【视口】工具栏右侧下拉列表设置各视口的比例为 1 : 2。

若图面布局不合理，可使用 PAN 命令（对应【视图（V）/平移（P）/🖼实时】菜单）来移动各视口中的图形（最好不用 MOVE 命令移动模型）。

图 4.10 视口工具栏

为保证三视图"长对正、高平齐"，需用 MVSETUP 命令来对齐各视图。结果如图 4.11 所示。

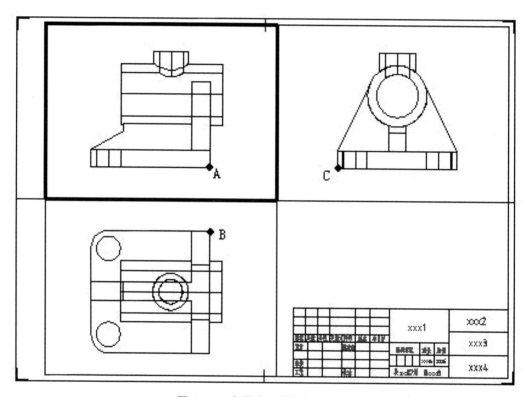

图 4.11 支承座三视图视口设置

命令：**mvsetup**

正在初始化...

创建默认文件 mvsetup.dfs

于目录 C:\Users\Administrator\appdata\roaming\autodesk\autocad 2018\r22.0\chs\support/.

输入选项 [对齐(A)/创建(C)/缩放视口(S)/选项(O)/标题栏(T)/放弃(U)]：**a**

输入选项 [角度(A)/水平(H)/垂直对齐(V)/旋转视图(R)/放弃(U)]：**v**

指定基点：>>                          //选择主视图视口为当前视口，打开端点快速捕捉方式

指定基点：                            //如图 4.11 所示，选择主视图视口中的 A 点

指定视口中平移的目标点：              //选择俯视图视口中的 B 点

输入选项 [角度(A)/水平(H)/垂直对齐(V)/旋转视图(R)/放弃(U)]：**h**

指定基点：                            //选择主视图视口中的 A 点

指定视口中平移的目标点：              //选择左视图视口中的 C 点

118

## 5. 提取各视图中的轮廓线

命令：**_solprof**   //点击功能区【常用/建模/实体轮廓】按钮

选择对象：   //在主视图浮动视口，选取支承座模型

找到 1 个

选择对象：   //按【Enter】键

是否在单独的图层中显示隐藏的轮廓线？[是(Y)/否(N)] <是>：   //按【Enter】键

是否将轮廓线投影到平面？[是(Y)/否(N)] <是>：   //按【Enter】键

是否删除相切的边？[是(Y)/否(N)] <是>：   //按【Enter】键

用同样的方法提取俯视图和左视图中模型轮廓线的投影。

使用 LAYER 命令，打开【图层特性管理器】对话框，如图 4.12 所示。在该对话框中已自动创建了 PH-237、PV-237 等 6 个图层，其中以"PV"字母开头的图层用于存放实体模型可见轮廓线在该视图中的投影，以"PH"字母开头的图层用于存放实体模型不可见轮廓线在该视图中的投影，为符合国家制图标准要求，应将 PH 所在层的线型设为虚线。在当前活动视口中冻结实体模型所在层，即可见各视图中轮廓线的投影（若视口中没有图线，请单击功能区【常用/视图/二维线框】按钮）。

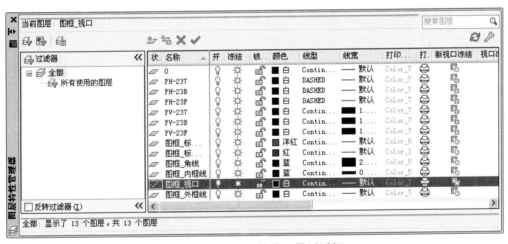

**图 4.12　图层特性管理器对话框**

# 实例三　绘制切割式组合体模型

图 4.13 所示的组合体模型是由一长方体经挖切而形成的，其参考作图过程如下：

命令：**_box**   //点击功能区【常用/建模/长方体】按钮

指定第一个角点或 [中心(C)]：**0，0**

指定其他角点或 [立方体(C)/长度(L)]：**140，110**

指定高度或 [两点(2P)]：**110**

命令：**_view**   //点击功能区【常用/视图/西南等轴测视图】按钮

输入选项 [?/删除(D)/正交(O)/恢复(R)/保存(S)/设置(E)/窗口(W)]：**_swiso**

正在重生成模型。

命令：_slice　　　　//点击功能区【常用/实体编辑/剖切】按钮

选择要剖切的对象：　//选择长方体

找到 1 个

选择要剖切的对象：　//按【Enter】键

指定切面的起点或 [平面对象(O)/曲面(S)/Z 轴(Z)/视图(V)/XY(XY)/YZ(YZ)/ZX(ZX)/三点(3)] <三点>：**xy**

指定 XY 平面上的点 <0，0，0>：**0，0，28**

在所需的侧面上指定点或 [保留两个侧面(B)] <保留两个侧面>：**b** //结果如图 4.14 所示

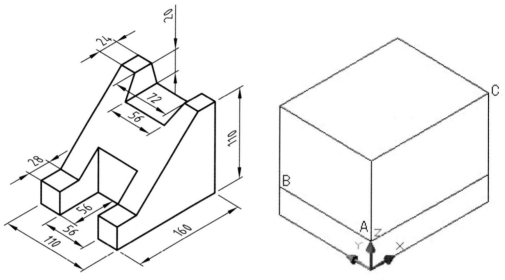

图 4.13　切割式组合体模型　　　　　　　图 4.14　用 XY 面剖切长方体

命令：_slice　　　　　　//点击功能区【常用/实体编辑/剖切】按钮

选择要剖切的对象：　　//选取上面的长方体

找到 1 个

选择要剖切的对象：　　//按【Enter】键

指定 切面 的起点或 [平面对象(O)/曲面(S)/Z 轴(Z)/视图(V)/XY(XY)/YZ(YZ)/ZX(ZX)/三点(3)] <三点>：**3**

指定平面上的第一个点：_from　　//点击【捕捉自】按钮

基点：　　　　　　　　　　　//捕捉端点 A

<偏移>：**@28，0**

指定平面上的第二个点：_from　　//点击【捕捉自】按钮

基点：　　　　　　　　　　　//捕捉端点 B

<偏移>：**@28，0**

指定平面上的第三个点：_from　　//点击【捕捉自】按钮

基点：　　　　　　　　　　　//捕捉端点 C

<偏移>：**@ – 24，0**

120

在所需的侧面上指定点或 [保留两个侧面(B)] <保留两个侧面>： //单击点 C

命令：_union 　　//点击功能区【常用/实体编辑/并集】按钮◎◎

选择对象： 　　//选取这两个实体

找到 2 个，总计 2 个

选择对象：

命令：_box 　　//点击功能区【常用/建模/长方体】按钮▱

指定第一个角点或 [中心(C)]：**0，27**

指定其他角点或 [立方体(C)/长度(L)]：**@56，56**

指定高度或 [两点(2P)]：**60**

命令：_subtract 　　//点击功能区【常用/实体编辑/差集】按钮◎◎

选择要从中删除的实体或面域...

选择对象： 　　//选取刚才做并运算后的实体

找到 1 个

选择对象： 　　//按【Enter】键

选择要删除的实体或面域...

选择对象： 　　//选取长方体

找到 1 个

选择对象： 　　//按【Enter】键

命令：_view 　　//点击功能区【常用/视图/东南等轴测】◈按钮

输入选项 [?/删除(D)/正交(O)/恢复(R)/保存(S)/设置(E)/窗口(W)]：_swiso

正在重生成模型。

命令：_ucs 　　//点击功能区【常用/视图/三点】按钮⌶

当前 UCS 名称：*世界*

指定 UCS 的原点或 [面(F)/命名(NA)/对象(OB)/上一个(P)/视图(V)/世界(W)/X/Y/Z/Z轴(ZA)] <世界>：**3**

指定新原点 <0，0，0>： 　　//捕捉中点 D，如图 4.15 所示

在正 X 轴范围上指定点<141.0000，55.0000，0.0000>：//捕捉端点 E

在 UCS XY 平面的正 Y 轴范围上指定点<139.0000，55.0000，0.0000>：//捕捉中点 F

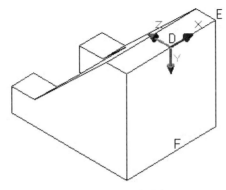

**图 4.15　设置用户坐标系**

命令：_pline　　　　　//点击功能区【常用/绘图/多段线】按钮⤴

指定起点：**36，0**

当前线宽为 0.0000

指定下一点或 [圆弧(A)/半宽(H)/长度(L)/放弃(U)/宽度(W)]：**28，20**

指定下一点或 [圆弧(A)/闭合(C)/半宽(H)/长度(L)/放弃(U)/宽度(W)]：**－28，20**

指定下一点或 [圆弧(A)/闭合(C)/半宽(H)/长度(L)/放弃(U)/宽度(W)]：**－36，0**

指定下一点或 [圆弧(A)/闭合(C)/半宽(H)/长度(L)/放弃(U)/宽度(W)]：**c**

命令：_extrude　　　　//点击功能区【常用/建模/拉伸】按钮▱

当前线框密度：ISOLINES=4

选择要拉伸的对象：//选取刚画的多段线

找到 1 个

选择要拉伸的对象：//按【Enter】键

指定拉伸的高度或 [方向(D)/路径(P)/倾斜角(T)] <110.0000>：**70**

命令：_subtract　　　　//点击功能区【常用/实体编辑/差集】按钮◐

选择要从中删除的实体或面域…

选择对象：　　　　　　//选取组合模型

找到 1 个

选择对象：　　　　　　//按【Enter】键

选择要删除的实体或面域…

选择对象：　　　　　　//选取刚画的拉伸体

找到 1 个

选择对象：　　　　　　//按【Enter】键

命令：_view　　　　　//点击功能区【常用/视图/西南等轴测】按钮◈

输入选项 [?/删除(D)/正交(O)/恢复(R)/保存(S)/设置(E)/窗口(W)]：**_swiso**

正在重生成模型。

# 实例四　由三维实体模型生成其他视图

在生产实际中，由于各种零件的结构不同，仅采用前面介绍的主、俯、左 3 个视图，往往不能将它们表达清楚，因此还需要采用其他表达方法才能使画出的图样清晰易懂，而且选择合理的表达方法会使制图过程简便。下面介绍由三维实体模型生成其他视图的方法。

## 1. 创建视口

如图 4.16 所示，在模型空间画出机件的三维实体模型（本例假定在"0"层构造机件实体模型）。

① 新建图框层，并设置为当前层。

② 点击【布局 1】标签，用 ERASE 命令删除在图纸空间自动生成的视口（选择对象时

应选择视口的边框），在【页面设置管理器】对话框完成选择图幅等操作。

③ 创建浮动视口。在 AutoCAD 中可用 MVIEW 命令或 VPORTS 命令来创建浮动视口。输入 VPORTS 命令→选 4→选布满，即创建 4 个浮动视口，如图 4.16 所示。用 ERASE 命令删除上面的两个视口。

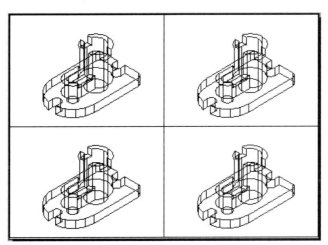

**图 4.16    创建 4 个浮动视口**

④ 在俯视图视口设置俯视图视点，并提取俯视图的轮廓线，得到俯视图，如图 4.17 所示。

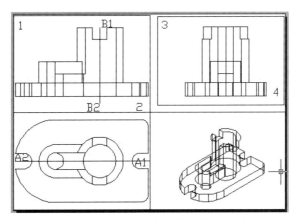

**图 4.17    由俯视图生成全剖的主视图、左视图**

⑤ 重建全剖的主视图、左视图视口。参考操作步骤如下：

命令：_solview                                          //点击功能区【常用/建模/实体视图】按钮⊚
输入选项 [UCS(U)/正交(O)/辅助(A)/截面(S)]：s
指定剪切平面的第一个点：             //选择图 4.17 中 A1 点
指定剪切平面的第二个点：             //选择图 4.17 中 A2 点
指定要从哪侧查看：                      //选择 A1、A2 两点的连线前侧任意一点
输入视图比例 <1.5>：                    //按【Enter】键
指定视图中心：                            //在图 4.17 中放置主视图的位置任意一点单击
指定视图中心 <指定视口>：           //按【Enter】键

123

指定视口的第一个角点：　　　　　//指定视口的第一个角点如图 4.17 中 1 点
指定视口的对角点：　　　　　　　//指定视口的对角点如图 4.17 中 2 点
输入视图名：全剖主视图

用类似操作创建全剖的左视图视口（剖切位置为 B1、B2 两点连线），绘制结果如图 4.17 所示模型的主视图和左视图。

## 2. 绘制全剖主视图和左视图

① 生成该机件的剖视图。具体操作如下：

命令：**hpname**　　　　　　　　　//选剖面线图案名
输入 HPNAME 的新值 <"ANGLE">：**ansi31**
命令：**hpscale**　　　　　　　　　//选剖面线图案比例
输入 HPSCALE 的新值 <1.0000>：　//输入新的比例
命令：**soldraw**
选择要绘图的视口...
选择对象：//选择图 4.17 中主视图视口边框
选择对象：//选择图 4.17 中左视图视口边框

若有的剖视图中剖面线方向与设置的剖面线图案不同，可在浮动模型空间，用 ERASE 命令删除剖面线，把该剖视图后缀为 HAT 的图层置为当前层，单击【用图案填充】命令即可生成与设置的剖面线图案一致的剖面线。

② 打开【图层特性管理器】对话框，将 "PH" 字母开头的图层的线型改为虚线，将 "PV" 字母开头的图层及后缀为.vis 的图层线宽改为 0.7。

③ 关闭 VPORTS 图层、图框层，在各视口冻结模型所在的 "0" 层，结果如图 4.18 所示。

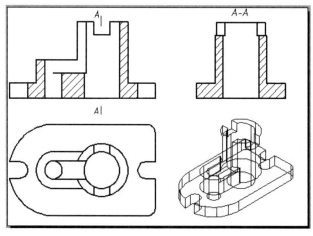

图 4.18　由机件的三维实体生成视图、剖视图

## 3. 由三维实体生成局部视图、局部放大视图及斜视图

如图 4.19 所示，在模型空间画出机件的三维实体模型（本例假定在 "0" 层构造机件实体模型）。

124

① 新建图框层，并置为当前层。

② 点击【布局 1】标签，在【页面设置管理器】对话框完成选择图幅等操作。若有缺省视口，请用 ERASE 命令删除。

③ 如图 4.20 所示，单击视口工具条单个视口按钮→选取两对角点确定视口大小→进入该视口的浮动模型空间→单击右视图按钮，生成机件的右视图→选取比例。

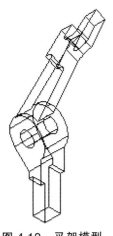

图 4.19  叉架模型

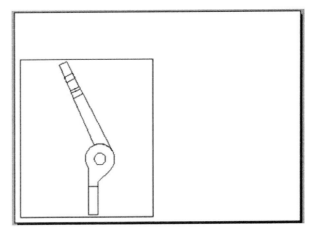

图 4.20  创建右视图视口

④ 创建局部视图、斜视图视口。参考操作步骤如下：

命令：_solview                    //绘制主视图视口，如图 4.21 右下区域

输入选项 [UCS(U)/正交(O)/辅助(A)/截面(S)]：o

指定视口要投影的那一侧：        //在右视图图框外左侧单击

指定视图中心：                  //在图 4.21 中放置主视图的位置任意一点单击

指定视图中心 <指定视口>：       //按【Enter】键

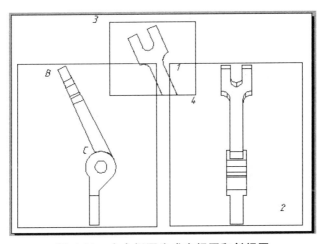

图 4.21  由右视图生成主视图和斜视图

指定视口的第一个角点：          //指定视口的第一个角点，如图 4.21 中的 1 点

指定视口的对角点：              //指定视口的第二个角点，如图 4.21 中的 2 点

输入视图名：主视图

输入选项 [UCS(U)/正交(O)/辅助(A)/截面(S)]：　　　//按【Enter】键

命令：_solview　　　　　　　//绘制斜视图视口，如图 4.21 中上区域

输入选项 [UCS(U)/正交(O)/辅助(A)/截面(S)]：a

指定斜面的第一个点：　　　//指定图 4.21 中右视图中机件斜面上的 B 点

指定斜面的第二个点：　　　//指定图 4.21 中右视图中机件斜面上的 C 点

指定要从哪侧查看：　　　//在 BC 左下侧任意一点单击

指定视图中心：　　　　//在图 4.21 放置斜视图的位置任意一点单击

指定视图中心 <指定视口>：//按【Enter】键

指定视口的第一个角点：　　//指定视口的第一个角点，如图 4.21 中的 3 点

指定视口的对角点：　　　//指定视口的第一个角点，如图 4.21 中的 4 点

输入视图名：斜视图

输入选项 [UCS(U)/正交(O)/辅助(A)/截面(S)]：//按【Enter】键

⑤ 提取三维模型的轮廓线投影。用 SOLPROF 命令（对应功能区【常用/建模/实体轮廓】按钮🔲）提取右视图轮廓线，用 SOLDRAW 命令提取主视图和斜视图的轮廓线。

⑥ 生成局部视图、斜视图。

命令：**mspace**　　　//点击状态栏【模型或图纸空间】按钮**图纸**，切换到主视图视口的浮动模型空间

命令：**_ucs**　　　//点击功能区【常用/坐标/原点】按钮

当前 UCS 名称：*世界*

指定 UCS 的原点或 [面(F)/命名(NA)/对象(OB)/上一个(P)/视图(V)/世界(W)/X/Y/Z/Z轴(ZA)] <世界>：_o

指定新原点 <0，0，0>://在主视图上指定 D 点为新原点

命令：**_spline**　　　//单击功能区【常用/绘图/样条曲线】按钮，如图 4.22 所示，画出波浪线，确定局部视图的范围

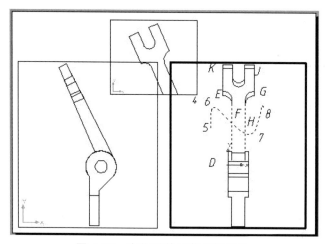

**图 4.22　主视图的局部视图画法**

指定第一个点或 [对象(O)]：　　　　　　　　　//指定波浪线第一个点 5 点

126

指定下一点：　　　　　　　　　　　　　　　　　//指定波浪线第二个点 6 点

指定下一点或 [闭合(C)/拟合公差(F)] <起点切向>：　//指定波浪线第三个点 7 点

指定下一点或 [闭合(C)/拟合公差(F)] <起点切向>：　//指定波浪线第四个点 8 点

指定下一点或 [闭合(C)/拟合公差(F)] <起点切向>：

指定起点切向：　　　　//5 点

指定端点切向：　　　　//8 点

命令：_trim　　　　　　//单击功能区【常用/修改/修剪】按钮┼┄

当前设置：投影=UCS，边=无

选择剪切边...

选择对象：　　　　　　//选择图 4.22 中波浪线、EF 和 GH 线

选择对象：　　　　　　//按【Enter】键

选择要修剪的对象，或按住【Shift】键选择要延伸的对象，或[栏选(F)/窗交(C)/投影(P)/边(E)/删除(R)/放弃(U)]：　//选取 EF 线在波浪线之上的线

选择要修剪的对象，或按住【Shift】键选择要延伸的对象，或[栏选(F)/窗交(C)/投影(P)/边(E)/删除(R)/放弃(U)]：　//选取 GH 线在波浪线之上的线

选择要修剪的对象，或按住【Shift】键选择要延伸的对象，或[栏选(F)/窗交(C)/投影(P)/边(E)/删除(R)/放弃(U)]：　//按【Enter】键

命令：_erase　　　　　//单击【修改"工具栏上的"删除】按钮 ✐

选择对象：　　　　　　//选择图 4.22 中主视图上部分 EGJI 图形

选择对象：　　　　　　//选择图 4.22 中波浪线

选择对象：　　　　　　//按【Enter】键

结果如图 4.23 中的主视图。同样方法可绘制斜视图。

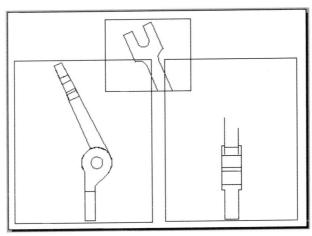

图 4.23　生成的局部视图

⑦ 创建局部放大视图。如图 4.24 所示，点击【视图（V）/视口（V）/单个视口（1）】菜单→选取两对角点确定视口大小→点击功能区【常用/视图/主视图】按钮▥→选放大比例→把要放大的部分移动到视口，最后用 SOLPROF 命令（对应功能区【常用/建模/实体轮廓】按钮▣）提取局部放大视图的轮廓线。

⑧ 创建轴测图视口。使用 MVIEW 命令→确定视口大小→转到浮动模型空间→设置轴测图观察视点，结果如图 4.24 所示的轴测图。

⑨ 设置隐藏线（虚线）线型，改变颜色为绿色，设置粗实线线宽。

⑩ 在图纸空间用 MOVE 命令调整视口位置，按制图要求补齐波浪线，进行标注。关闭 VPORTS 图层、图框层，在各视口冻结实体模型所在"0"层，结果如图 4.24 所示。

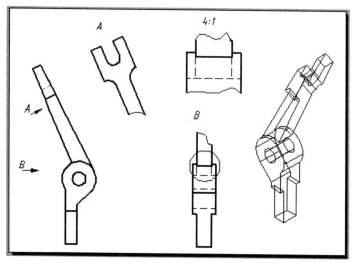

图 4.24 局部视图、斜视图、局部放大图和轴测图的生成

## 4. 由机件的三维实体生成断面图

① 如图 4.25 所示，假设在"0"层绘制轴的三维实体模型。

② 新建图框层，并将图框层设为当前层，创建主视图视口，如图 4.26 所示。

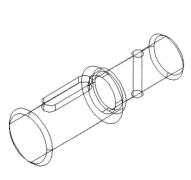

图 4.25 轴的三维实体模型

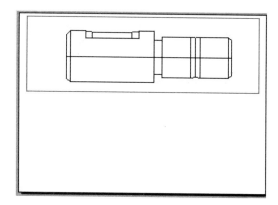

图 4.26 生成轴的主视图

③ 创建两断面图视口，如图 4.27 所示。

命令：**_solview**　　　　　//点击功能区【常用/建模/实体视图】按钮🔳
输入选项 [UCS(U)/正交(O)/辅助(A)/截面(S)]：**s**
指定剪切平面的第一个点：　　//选择 A1 点
指定剪切平面的第二个点：　　//选择 A2 点

128

指定要从哪侧查看：　　//选择 A1、A2 两点的连线右侧任意一点
输入视图比例 <2>：　　//按【Enter】键
指定视图中心：　　　　//在放置全剖右视图位置的任意一点单击
指定视图中心 <指定视口>：　//按【Enter】键
指定视口的第一个角点：　//指定 1 点
指定视口的对角点：　　　//指定 2 点
输入视图名：断面图 1
重复上述方法，创建全剖左视图视口　//剖切位置在 B1、B2 连线处。
命令：**_move**　　//单击功能区【常用/修改/移动】按钮 ✛
选择对象：　　　　//选择 1、2 视口框
选择对象：　　　　//按【Enter】键
指定基点或位移：//指定全剖右视图模型中心 5 点为基点，移到 A1、A2 连线下的 6 点
同理把全剖左视图视口移到图 4.27 中的 8 点位置。

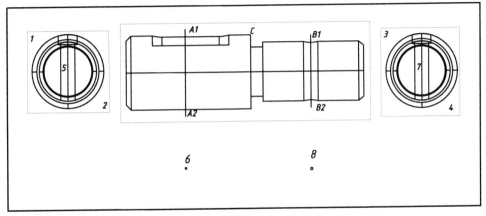

图 4.27　生成轴的全剖左视图和右视图

④ 用 SOLPROF 命令（对应功能区【常用/建模/实体轮廓】按钮⬚）提取主视图轮廓线，用绘制全剖主视图和左视图的方法绘制断面图，如图 4.28 所示。

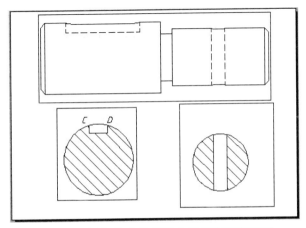

图 4.28　提取轮廓线后的主视图和两断面图

129

⑤ 在浮动模型空间用 ERASE 命令删除断面图 1 中不需要的图线。

命令：**mspace**　//点击状态栏中的【模型或图纸空间】按钮**图纸**，切换到模型空间视口

命令：**_erase**　//单击功能区【常用/修改/删除】按钮✐

选择对象：　//激活图 4.28 断面图 1 视口，并在视口中选择弧 CD

选择对象：　//按【Enter】键

⑥ 关闭图框层、VPORT 图层，在各视口冻结模型所在的"0"层，结果如图 4.29 所示。

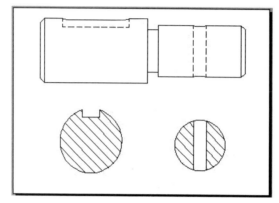

图 4.29　由三维实体生成的主视图和断面图

<h1 align="center">● 上机作业 ●</h1>

1. 绘制轴测图（题图 4.1、题图 4.2）。

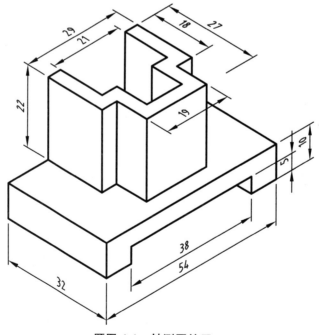

题图 4.1　轴测图练习一

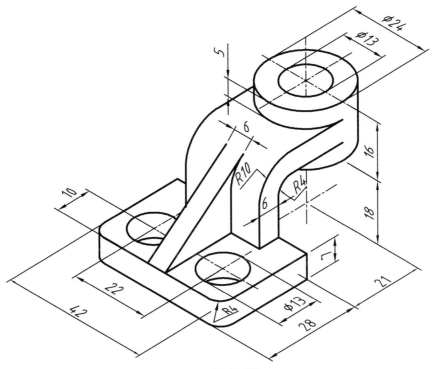

题图 4.2 轴测图练习二

2. 绘制立体的表面模型（题图 4.3、题图 4.4）。

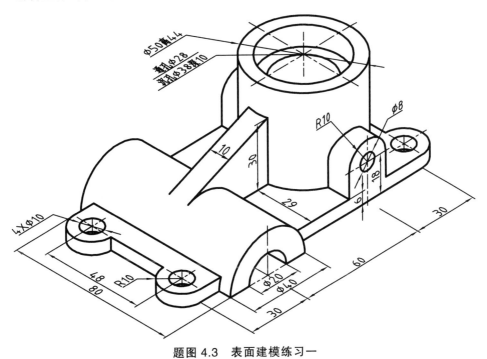

题图 4.3 表面建模练习一

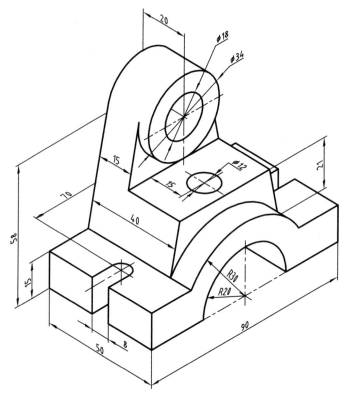

题图 4.4　表面建模练习二

3. 绘制立体实体模型（题图 4.5、题图 4.6）。

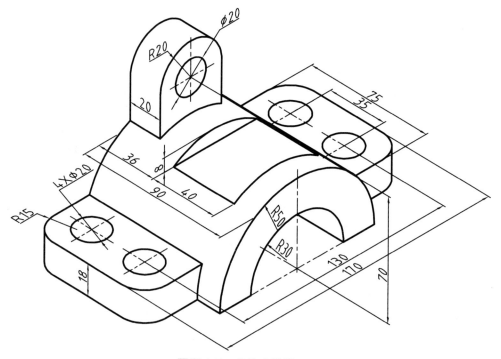

题图 4.5　实体建模练习一

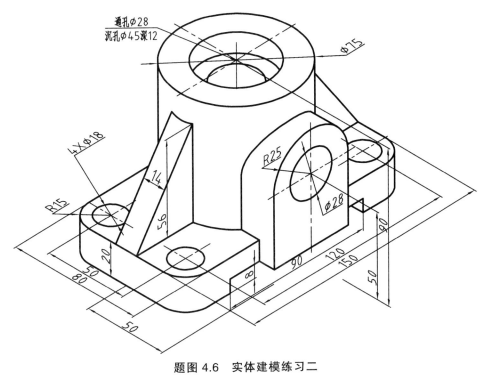

**题图 4.6　实体建模练习二**

4. 绘制立体实体模型，生成所需的视图，并标注尺寸（题图 4.7、题图 4.8）。

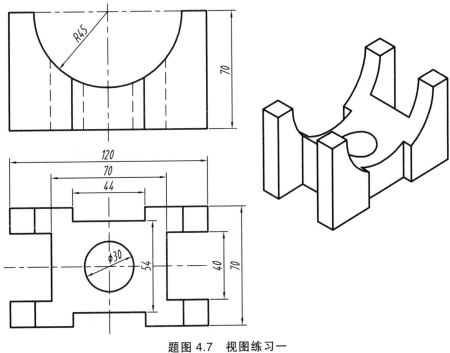

**题图 4.7　视图练习一**

133

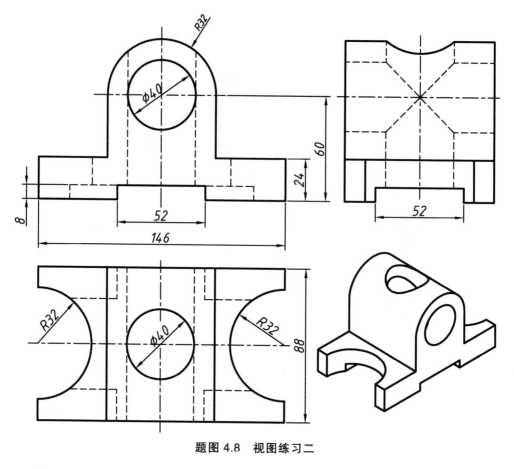

题图 4.8　视图练习二

5. 绘制切割式组合体模型（题图 4.9 ~ 题图 4.11）。

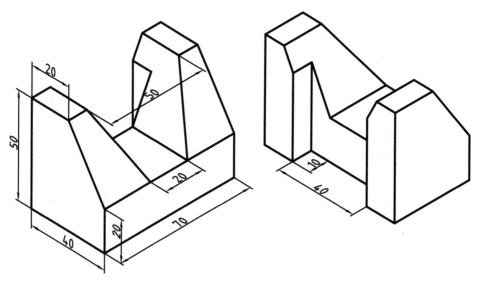

题图 4.9　构建切割式模型练习一

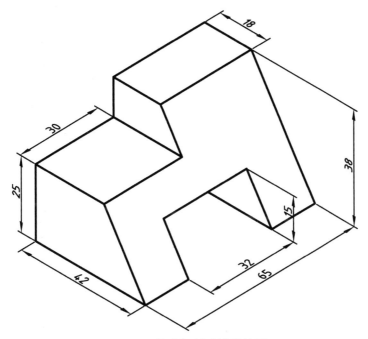

题图 4.10　构建切割式模型练习二

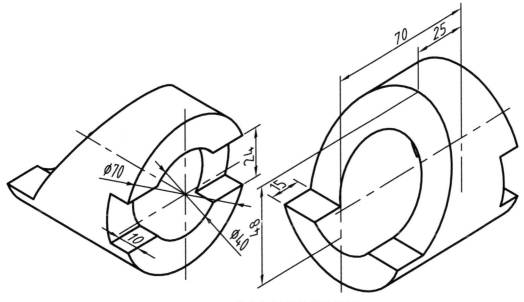

题图 4.11　构建切割式模型练习三

135

6. 绘制零件模型，并用适当的表达方法画出其零件图（题图 4.12～题图 4.14）。

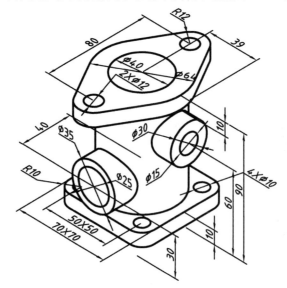

题图 4.12　综合表达练习一

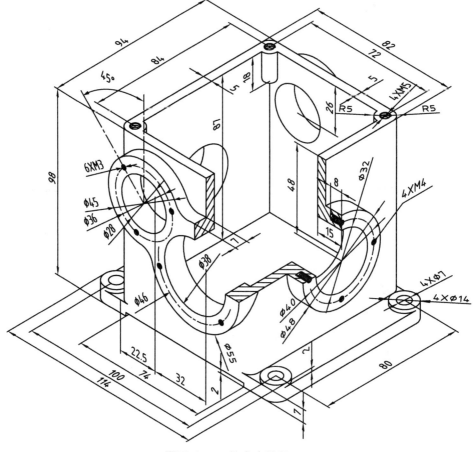

题图 4.13　综合表达练习二

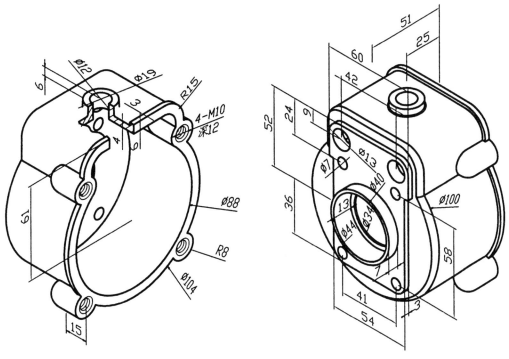

题图 4.14　综合表达练习三

7. 绘制阳台实体模型（题图 4.15）。

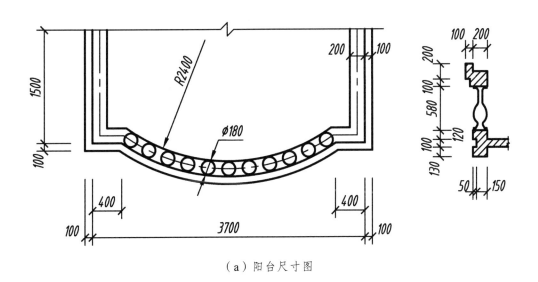

（a）阳台尺寸图

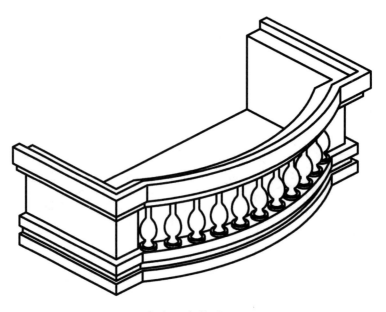

（b）阳台轴测图

**题图 4.15 阳台图**

# 实验五　AutoCAD 图样的打印输出

实验目的与要求：
① 掌握布局概念，并能运用布局技术合理布置工程图样；
② 掌握打印输出设置，并能打印输出符合工程设计要求的工程图。

## 实例一　打印样式的设置与使用

使用 AutoCAD 绘制完工程图样后，需要通过打印机或绘图仪输出图形，使其在图纸上表现出来，以满足工程设计和工程施工的需要。AutoCAD 提供了一体化的图形打印输出功能，可以轻松地实现诸如添加打印机、打印设置、打印预览以及打印出图之类的操作。

### 1. 配置打印机

在打印输出工程图样前，需要根据打印时使用的打印机型号，在 AutoCAD 中进行配置。AutoCAD 2018 提供了许多常用打印机的驱动程序。选择功能区选项卡【输出/绘图仪管理器】按钮■，系统将弹出【Plotters】窗口，如图 5.1 所示。

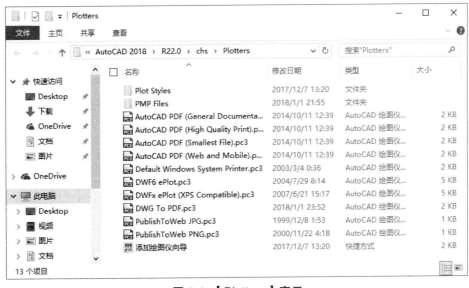

**图 5.1 【Plotters】窗口**

双击【添加绘图仪向导】图标，系统将调出"添加绘图仪-简介"对话框。按照系统的提示一步一步进行设置，选择所配绘图仪的型号，完成绘图仪的配置。

## 2. 打印样式设置

AutoCAD 2018 提供了两种打印样式：一种为颜色相关打印样式，另一种为命名打印样式。颜色相关打印样式是通过对图形对象的颜色来控制绘图仪的笔号、笔宽、线型等的设定。用户可依据图层或对象的颜色来指定打印时所使用的颜色、线型、线宽等。命名打印样式是通过对不同对象指定不同的打印样式表，以控制不同的输出效果，用户无须考虑图层或对象所使用的颜色，通过将命名打印样式表指定给图层或单个对象。

用户可使用下拉式菜单【文件(F)/打印样式管理器(Y)…】选项，打开如图 5.2 所示的【Plot Styles】窗口。

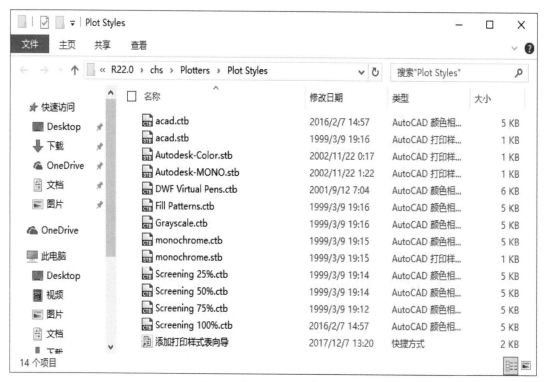

图 5.2 【Plot Styles】窗口

1）颜色相关打印样式表的设置

双击【Plot Styles】窗口中的【acad.ctb】图标，打开"打印样式表编辑器-acad.ctb"对话框，它是一个未经编辑的颜色相关打印样式表，如图 5.3 所示。

用户依据图形文件中各图层所使用的颜色以及应打印输出的线宽进行设置。例如："xxx"层，色彩码为"颜色 1"，打印线宽为"0.7 毫米"。设置方法如下：

在"打印样式表编辑器-acad.ctb"对话框中，首先单击【打印样式(P)：】列表框中的"颜色 1"，然后在【特性/颜色(C)】下拉列表中，选择"黑色"；在【特性/线宽(W)】下拉列表中，选择的"0.700 毫米"，如图 5.4 所示。

运用上述方法依次设置各图层的颜色相关打印样式表，单击【保存并关闭】按钮，将各项设置保存在"acad.ctb"颜色相关打印样式表文件内，供打印时使用。

图 5.3　未编辑的颜色相关打印样式表

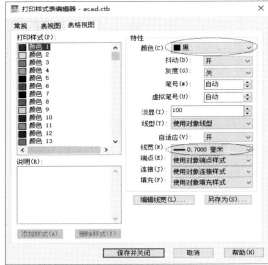
图 5.4　编辑后的颜色相关打印样式表

2）命名打印样式表的设置

双击【Plot Styles】窗口中的【acad.stb】图标，打开"打印样式表编辑器-acad.stb"对话框，它是一个未经编辑的命名打印样式表，如图 5.5 所示。

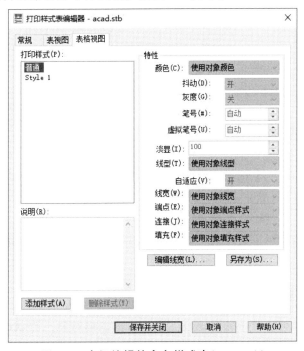
图 5.5　未经编辑的命名样式表(acac.stb)

用户可依据图形文件中各图层在打印输出时应打印的线宽和颜色进行设置。不同的工程图对线宽使用要求有所不同，一般来说，各类工程图样的线宽归纳为细线、中线、粗线和特粗线 4 种。因而用户可创建四种样式表，设置方法如下：

① 单击【添加样式(A)】按钮，在弹出的【添加打印样式名】编辑框内输入"细线"；然后在【特性/颜色(C)】下拉列表中，选择"黑色"；在【特性/线宽(W)】下拉列表中，选择"0.1500 毫米"。

② 单击【添加样式(A)】按钮，在弹出的【添加打印样式名】编辑框内输入"中线"；然后在【特性/颜色(C)】下拉列表中，选择"黑色"；在【特性/线宽(W)】下拉列表中，选择"0.3000 毫米"。

③ 单击【添加样式(A)】按钮，在弹出的【添加打印样式名】编辑框内输入"粗线"；然后在【特性/颜色(C)】下拉列表中，选择"黑色"；在【特性/线宽(W)】下拉列表中，选择"0.7000 毫米"，如图 5.6 所示。

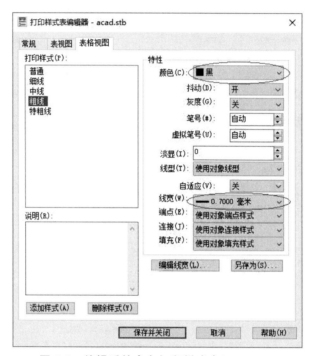

图 5.6　编辑后的命名打印样式表(acac.stb)

④ 单击【添加样式(A)】按钮，在弹出的【添加打印样式名】编辑框内输入"特粗线"；然后在【特性/颜色(C)】下拉列表中，选择"黑色"；在【特性/线宽(W)】下拉列表中，选择"1.0000 毫米"。

单击【保存并关闭】按钮，将上述打印样式表保存在"acad.stb"的命名打印样式表文件内，供打印时选用。

## 3. 给图形对象指定打印样式

定义好打印样式表后，需要将打印样式表指定给图形对象，使 AutoCAD 按照定义好的打印样式表来打印图形。

对于使用颜色相关打印样式表输出图形，由于打印样式已指向所需打印对象的颜色。因而，无须再给图形对象指定。而对使用命名打印样式表输出图形，则需将各种命名的样式表指定到具体的图形对象。其操作方法如下：

在打开的"吊钩.dwg"图形文件中，单击功能区选项卡【默认/图层特性】按钮![图标]。在"图层特性管理器"对话框内，单击【尺寸标注】层，在【打印样式】栏中，单击【Normal】项，系统将弹出"选择打印样式"对话框，如图 5.7 所示。单击【活动打印颜色表：】下拉列表中的 acad.stb（先前已经设置，若用户还没有设置的话，可单击【编辑器(E)…】按钮，在弹出的"打印样式编辑器-acad.stb"对话框内进行设置）。在【打印样式】列表框中，选择"细线"，则打印输出时，"尺寸标注"层指定为"细线"打印样式表。

运用上述方法，为其他各层依次指定所需打印的样式表。

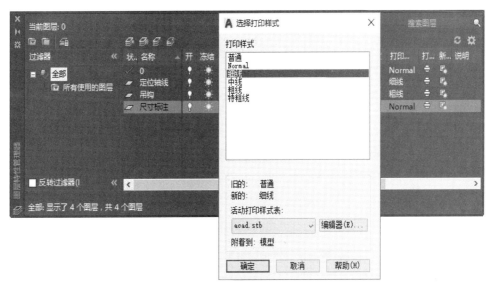

图 5.7　给各图层指定打印样式表

说明：对每个图形文件，AutoCAD 系统为其提供了一种打印方式，即颜色相关打印样式或命名打印样式。用户需用哪种方式打印输出图形，必须在作图前予以确定，系统默认方式为颜色相关打印方式。若用户想使用命名打印方式输出图形，必须在启动 AutoCAD 系统时，选择"acadISO Named Plot Styles.dwt"样板文件件运行 AutoCAD 系统。

## 4. 打印图形

选择功能区选项卡【输出/打印】按钮![图标]，AutoCAD 系统将显示"打印-布局 1"对话框，如图 5.8 所示。

在弹出的"打印-布局 1"对话框中，用户可以设置如下：

①【打印机/绘图仪】栏：选择计算机所连接的打印机型号。若用户计算机没有连接打印机，可选择电子打印机（DWG To PDF.pc3），执行打印时，系统将输出一张电子打印文稿。

为了能够将打印区域扩展到整个 A3 图纸幅面范围，可以单击右侧的【特性(R)…】按钮，系统将显示"绘图仪配置编辑器-DWG To PDF.pc3"对话框，用户可以单击【自定义图纸尺寸】选项，然后单击【添加(A)…】按钮。在弹出的"创建自定义图纸尺寸"对话框中，按照系统提示要求，设定一张 A3 幅面，并将打印区域扩充到整个 A3 幅面范围。

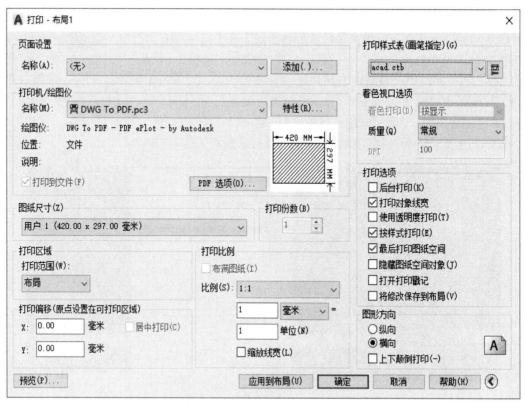

**图 5.8 "打印–布局 1"对话框**

②【图纸尺寸】栏：在下拉列表中选择自定义的 A3 幅面，如用户创建的"用户 1（420.00 × 297.00 毫米）"。

③【打印区域】栏：选择【打印范围】下拉列表中的"布局"。

④【打印偏移（原点设置在可打印区域）】栏：选中【居中打印(C)】复选框。

⑤【打印样式表（笔指定）(G)】栏：在下拉列表中选择"acad.ctb"（已设定）。若用户没有设置，可单击右侧【编辑...】按钮，打开未编辑的"acad.ctb 颜色相关打印样式表编辑器"，对照图形对象的颜色来指定打印线宽和打印颜色。

⑥【打印选项】栏：按缺省方式设置。

⑦【图形方向】栏：用户可依据图幅是横式或竖式，供用户进行选择。

⑧ 单击【预览(P)...】按钮，系统将显示"图形打印预览图"窗口，供用户预览。

# 实例二　视图的布局与打印

通过对所需打印图形创建布局，可将图形通过打印机或绘图仪打印输出到图纸上。下面以图 5.9 所示建筑底层平面图输出在一张 A3 图纸上为例，介绍运用布局和打印输出图形的步骤。

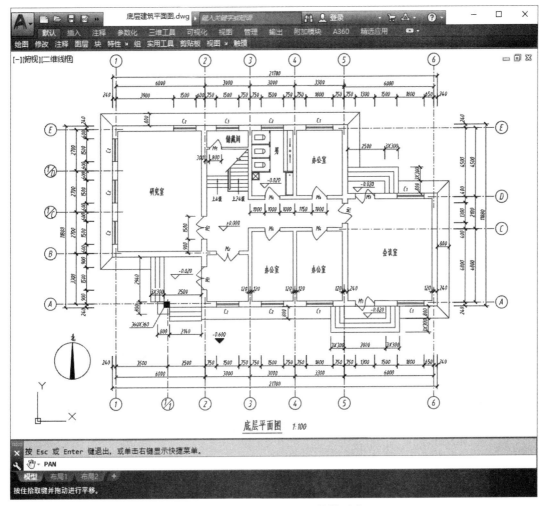

图 5.9    底层建筑平面图的模型卡

本例的底层平面图是基于颜色相关打印环境下绘制的图样。因此，打印输出将采用颜色相关打印表方式输出图形。

## 1. 打开文件"底层建筑平面图.dwg"

打开"底层建筑平面图.dwg"文件，如图 5.9 所示。单击【默认/图层特性】按钮，打开如图 5.10 所示的"图层特性管理器"对话框。

## 2. 编辑"acad.ctb"颜色相关打印样式表

单击下拉式菜单【文件(F)/打印样式管理器(Y)...】选项，打开【Plot Styles】窗口，双击【acad.ctb】图标，在弹出的"打印样式管理器-acad.ctb"对话框中，结合底层平面图各图层的颜色和线宽要求，设置如下：

① 单击【打印颜色(P)：】列表框中的"颜色 1"，然后在【特性/颜色(C)】下拉列表中选择"黑色"，在【特性/线宽(W)】下拉列表中选择"0.8000 毫米"，如图 5.11 所示。

图 5.10　底层建筑平面图的图层规划

图 5.11　编辑后的"acad.ctb"打印样式表

② 单击【打印颜色(P)：】列表框中的"颜色 4"，然后在【特性/颜色(C)】下拉列表中选择"黑色"，在【特性/线宽(W)】下拉列表中选择"0.1500 毫米"。

③ 单击【打印颜色(P)：】列表框中的"颜色 5"，然后在【特性/颜色(C)】下拉列表中选择"黑色"，在【特性/线宽(W)】下拉列表中选择"0.1500 毫米"。

④ 单击【打印颜色(P)：】列表框中的"颜色 6"，然后在【特性/颜色(C)】下拉列表中选择"黑色"，在【特性/线宽(W)】下拉列表中选择"0.3000 毫米"。

⑤ 单击【打印颜色(P)：】列表框中的"颜色 7"，然后在【特性/颜色(C)】下拉列表中选择"黑色"，在【特性/线宽(W)】下拉列表中选择"0.6000 毫米"。

### 3. 创建打印布局

单击状态栏中"布局 1"选项卡，进入图纸空间，绘制 A3 图幅，开设视口。

① 单击功能区选项卡【默认/图层特性】按钮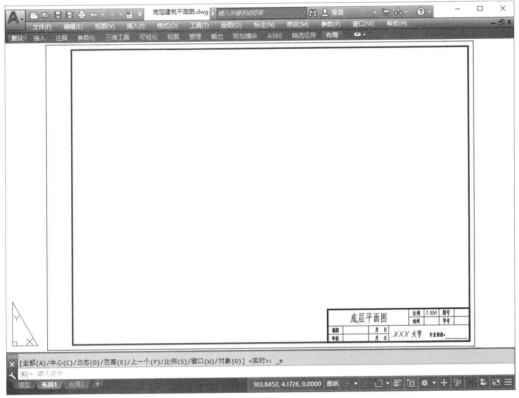，新建"图框"和"视口"两个图层，并置"图框"层为当前层，绘制图框及标题栏，如图 5.12 所示。

图 5.12　在布局上画 A3 图框

② 置"视口"层为当前层。选择功能区选项卡【布局/布局视口/矩形】按钮，在 A3 图框内开设一个窗口，并设置视口比例为"1:100"，如图 5.13 所示。

命令：-vports

指定视口的角点或 [开(ON)/关(OFF)/布满(F)/着色打印(S)/锁定(L)/对象(O)/多边形(P)/恢复(R)/图层(LA)/2/3/4] <布满>：　　　　//在图框线内左下方拾取一点，如图 5.13 所示

指定对角点：　　　　//在图框线内右上方拾取一点

正在重新生成模型。

用鼠标单击视口边框，然后选择功能区【默认/特性】按钮，在【特性/其他/标准比例/自定义】下拉列表中选择"1:100"比例，如图 5.13 所示。或利用工具栏【视口/视口缩放控制】下拉列表中，选择比例"1:100"来设置视口的显示比例。

激活浮动视口，单击鼠标右键，在快捷菜单上选择平移命令，移动图形调整至合适位置。单击状态栏中【模型】变更为【图纸】，选择功能区选项卡【默认/图层】下拉列表，并关闭"视口"图层。

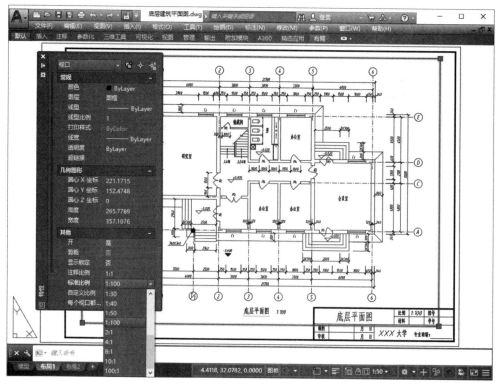

**图 5.13  开设视口与设置视口比例**

## 4. 打印布局

选择功能区选项卡【输出/打印】按钮![icon]，系统将显示"打印-布局 1"对话框。用户可对打印参数进行设置，如图 5.14 所示。

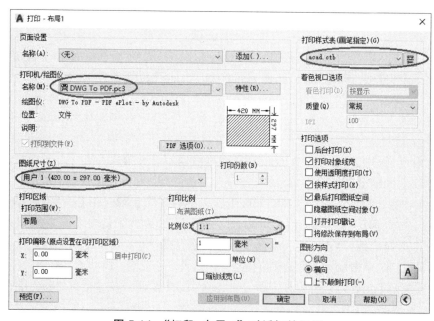

**图 5.14  "打印–布局 1"对话框的设置**

利用缩放、平移等命令检查打印预览图（见图 5.15），检查无误后，单击鼠标右键，在弹出的快捷菜单中选择"打印"，系统将会输出一个"底层平面图-布局 1.PDF"电子打印文稿。

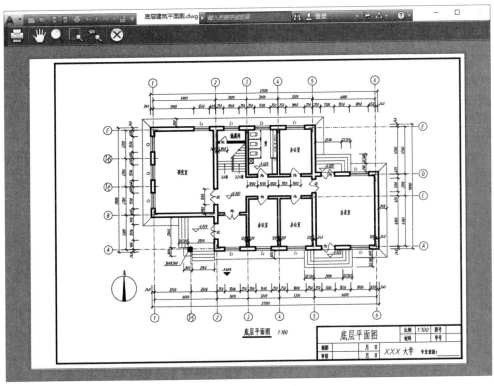

**图 5.15  打印预览**

# 实例三  多视图的布局与打印

在工程设计中，有时需要将不同比例的多个图样输出到一张图纸上，比如房屋建筑施工图中的楼梯详图、构件配筋图等。由于这些施工图是由多个不同比例的图样组成。因此，要输出符合工程设计要求的施工图，需要利用布局，实现在一张图纸上输出不同比例的图样。

在实验三中，我们绘制了某梁的配筋图，其中梁的立面图和钢筋详图的输出比例为 1∶40，而梁的断面图的绘图比例通常要比立面图放大 1 倍，即 1∶20。下面以梁的配筋图为例介绍其打印输出方法与步骤。

本例梁的配筋图是在命名打印方式环境下绘制的图样。因此，打印输出将采用命名打印样式表方式输出图形。

## 1. 打开文件"梁的配筋图.dwg"

打开"梁的配筋图.dwg"文件，如图 5.16 所示。单击功能区选项卡【默认/图层特性】按钮，打开"图层特性管理器"对话框，并创建"图框"和"视口"两个图层。

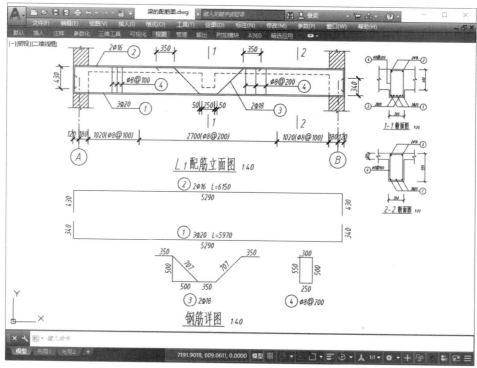

图 5.16    "梁的配筋图"模型选项卡

## 2. 为图形对象指定打印样式

单击功能区选项卡【默认/图层特性】按钮图，在"图层特性管理器"对话框中为图形对象所在图层指定打印样式表。

单击"尺寸标注"层上的"Normal"选项，系统将显示"选择打印样式"对话框。在【活动打印样式表：】下拉列表中，选择"acad.stb"（已编辑设置，若还未设置，可单击右侧【编辑器(E)...】按钮进行编辑设置）；在【打印样式】预览框中，选择"细线"；用同样方法依次为每个图层指定打印样式表，如图 5.17 所示。

图 5.17    为梁的配筋图设置打印样式

### 3. 使用布局

单击状态栏中的"布局 1"选项卡,进入图纸空间,删除缺省的视口,或选择功能区选项卡【视图/界面/"显示"选项卡】按钮 ,系统将显示"选项"对话框,在【显示/布局元素】栏内,将【显示可打印区域(B)】、【显示图纸背景(K)】、【新建布局时显示页面设置管理器(G)】和【在新布局中创建视口(N)】的复选框勾选去除,点击【确定】按钮,如图 5.18 所示。

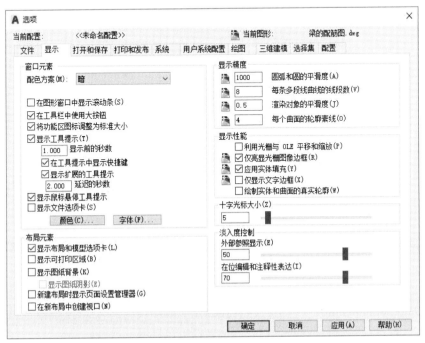

**图 5.18 【选项/显示卡】对话框**

### 4. 插入或绘制图框

置"图框"层为当前层。用矩形、多行文字等命令画 A3 图框及标题栏,或选择功能区选项卡【插入/块】命令,插入已绘制好的 A3.dwg 图框文件,如图 5.19 所示。

### 5. 在图框内开设视口

置"视口"层为当前层,选择功能区选项卡【布局/命名】按钮 ,将显示"视口"对话框,在【标准视口(V)】栏内,选择"两个:垂直"视口,并在 A3 图框线内通过指定两对角点来确定两个视口的位置。

命令:**_vports**

选项卡索引 <0>:1

指定第一个角点或 [布满(F)] <布满>:　　　　//在图框内左下角拾取一点

指定对角点:　　　　　　　　　　　　　　//在图框内右上角拾取一点

正在重新生成布局。

执行结果如图 5.20 所示。

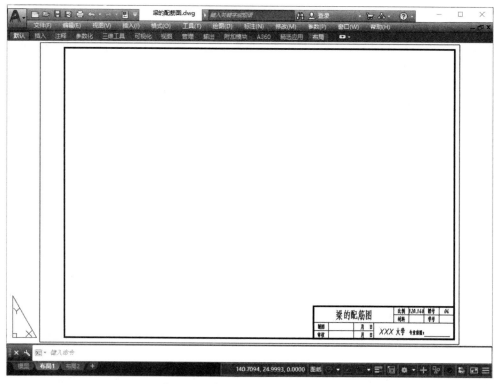

图 5.19　插入 A3 图框及标题栏

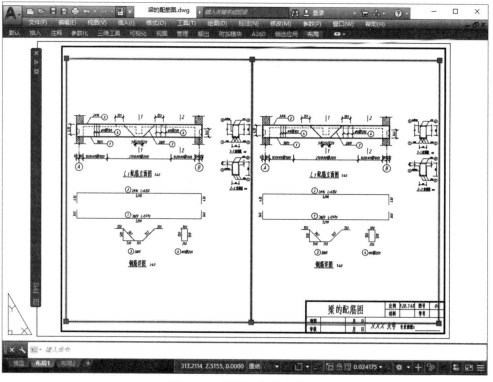

图 5.20　开设两个竖向视口

## 6. 设置视口比例

左边大视口用于显示梁的立面图和钢筋详图，视口比例设为 1:40；右边两小视口用于显示梁的两个断面图，视口比例设为 1:20，结果如图 5.21 所示。

命令：_mvsetup    //设置左侧视口的比例为 1:40

输入选项 [对齐(A)/创建(C)/缩放视口(S)/选项(O)/标题栏(T)/放弃(U)]：**S**

选择要缩放的视口…

选择对象：    //选择左侧视口

选择对象：    //按【Enter】键，或单击鼠标右键

设置图纸空间单位与模型空间单位的比例…

输入图纸空间单位的数目 <1.0>：**1**

输入模型空间单位的数目 <1.0>：**40**

命令：_mvsetup    //设置右侧视口的比例为 1:20

输入选项 [对齐(A)/创建(C)/缩放视口(S)/选项(O)/标题栏(T)/放弃(U)]：**S**

选择要缩放的视口…

选择对象：    //选择右侧视口

选择对象：    //按【Enter】键，或单击鼠标右键

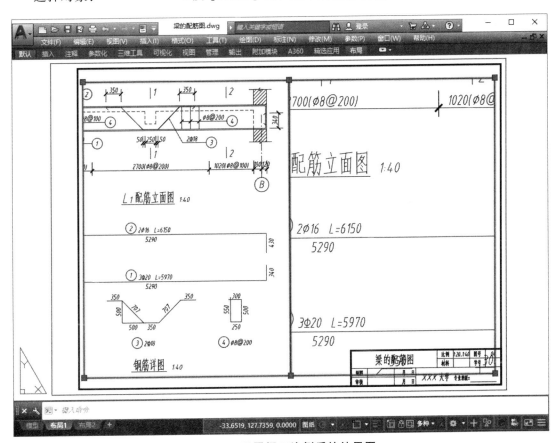

图 5.21 设置视口比例后的结果图

设置图纸空间单位与模型空间单位的比例...

输入图纸空间单位的数目 <1.0>：**1**

输入模型空间单位的数目 <1.0>：**20**

用户也可利用工具栏【视口/视口缩放控制】下拉列表中，选择比例"1:20"来设置视口的显示比例。或选择功能区选项卡【默认/特性】，打开"特性"对话框，在【其他/标准比例/自定义】下拉列表中，选择"1:20"比例。

### 7. 调整视口的大小及视口中图样的位置

点击状态栏上的【图纸】空间，使其切换至【模型】空间，在当前激活的视口内用平移命令移动图形的位置，使需要显示的图形移至视口内（应注意的是，只有位于视口内的图形才显示，位于视口以外的图形将看不到）。若所开视口大小不合适，可点击状态栏上的【模型】空间，使其切换至【图纸】空间，然后选择需要调整的视口边框，用鼠标光标点击边框上的夹点并拖动，即可调整视口的大小。在本例中左边视口长度方向需要加长，而右边两视口的长度方向可缩短，调整好各视口大小及视口中所需显示的图样位置，如图 5.22 所示。

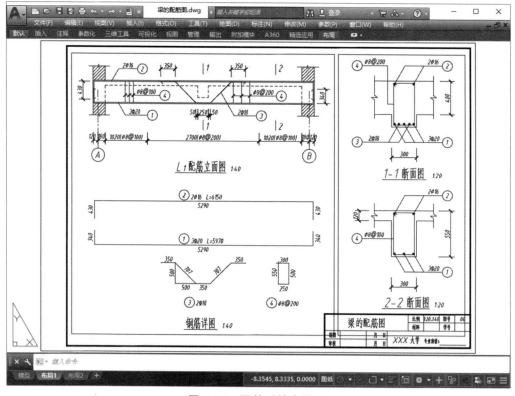

图 5.22　调整后的布局图

点击状态栏上的【模型】空间，使其切换至【图纸】空间，并选择功能区选项卡【默认/图层】下拉列表，关闭"视口"层。此时各视口的边框就不再显示，仅显示各视口内的图形部分，如图 5.23 所示。

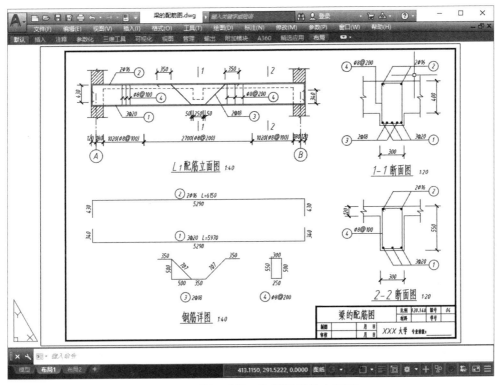

图 5.23 关闭"视口"图层后的布局图

## 8．预览图形并打印图形

选择功能区选项卡【输出/打印】按钮⬜，系统将弹出"打印-布局 1"对话框，用户可对打印参数进行设置，如图 5.24 所示。单击【预览(P)...】按钮，如图 5.25 所示。

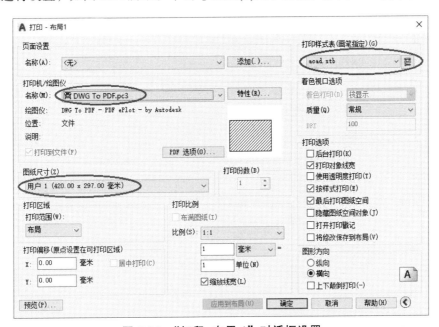

图 5.24 "打印-布局 1"对话框设置

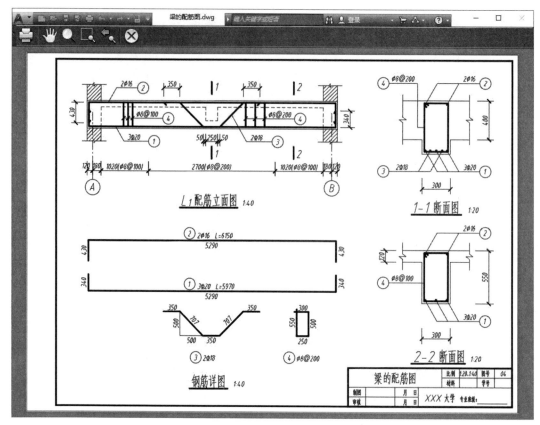

图 5.25　打印预览梁的配筋图

　　利用左上角缩放按钮🔍、平移按钮✋等检查打印预览图，如图 5.25 所示。经检查无误后，用户可以用鼠标单击左上角打印按钮🖨，或单击鼠标右键，在弹出的快捷菜单中选择【打印】选项，则系统将会输出一个"梁的配筋图-布局 1.PDF"电子打印文稿。

# 参 考 文 献

[ 1 ] 蒋先刚. 实用微机工程绘图技术[M]. 成都：西南交通大学出版社，2003.

[ 2 ] 涂晓斌，谢平，陈海雷. 实用微机工程绘图实验教程[M]. 成都：西南交通大学出版社，2004.

[ 3 ] 姜勇. AutoCAD 机械制图习题精解[M]. 北京：人民邮电出版社，2002.

[ 4 ] 郭琳瑞. AutoCAD 2002 中文版机械绘图[M]. 北京：机械工业出版社，2003.

[ 5 ] 宋勇. AutoCAD2002 使用与精通[M]. 北京：清华大学出版社，2001.

[ 6 ] 刘洪，符新伟. 中文版 AutoCAD 建筑施工图绘制及应用技巧[M]. 北京：人民邮电出版社，2003.

[ 7 ] 孙江宏，赵腾任，李翔龙. AutoCAD 2004 机械设计上机指导[M]. 北京：高等教育出版社，2004.

[ 8 ] 薛焱，胡腾，陈跃华. 中文版 AutoCAD 2006 基础教程[M]. 北京：清华大学出版社，2005.

[ 9 ] 裘文言，瞿元赏. 机械制图[M]. 北京：高等教育出版社，2005.

[10] 何铭新. 画法几何及土木工程制图[M]. 武汉：武汉工业大学出版社，2000.

[11] 高志清. AutoCAD 2000 建筑设计范例精粹[M]. 北京：中国水利水电出版社，2000.

[12] 孙士保. AutoCAD 2008 中文版应用教程[M]. 北京：机械工业出版社，2007.

[13] 涂晓斌，谢平，陈海雷. AutoCAD 2008 工程绘图实验指导[M]. 成都：西南交通大学出版社，2008.

[14] 蒋先刚，涂晓斌. AutoCAD 2008 工程绘图与应用开发[M]. 成都：西南交通大学出版社，2008.

[15] 涂晓斌，唐刚，杨文，等. 计算机绘图[M]. 南昌：江西高校出版社，2009.

[16] 二代龙震工作室. AutoCAD 2010 机械设计基础教程[M]. 北京：清华大学出版社，2010.

[17] 崔晓利，杨海如，贾立红. 中文版 AutoCAD 工程制图——上机练习与指导（2010）[M]. 北京：清华大学出版社，2009.

[18] 李娇. AutoCAD 2017 中文版从入门到精通[M]. 北京：中国青年出版社，2017.

[19] 龙马高新教育. AutoCAD 2017 从入门到精通[M]. 北京：人民邮电出版社，2017.

[20] 谢平，刘志红，陈海雷，涂晓斌. AutoCAD 工程绘图实例教程[M]. 成都：西南交通大学出版社，2016.

[21] 涂晓斌，黄志超，唐刚，等. 计算机绘图[M]. 南昌：江西高校出版社，2015

[22] 涂晓斌，陈海雷，刘志红，等. AutoCAD 工程设计及应用开发[M]. 成都：西南交通大学出版社，2016.